Leben heute
Ballons und Zeppeline

Die Arena-Reihe »**Leben heute**« bringt zu den Themen »Ökologie, Technik, Forschung« die wichtigsten Ergebnisse der modernen Wissenschaft.
Die Berichte, Fakten und Dokumente fesseln und informieren ebenso wie die vielen farbigen Bilder jedes Bandes.
Eine wichtige Reihe für alle, die heute mehr wissen und mitreden wollen.

Jeder Band ist in sich abgeschlossen. Alle Bände dieser Reihe sind aber so miteinander verknüpft, daß sie dem Leser ein beständig anwachsendes und sich ergänzendes Wissen anbieten: eine Forschungsbibliothek, die selbst zur weiteren Forschung anregt.

Ballons und Zeppeline

Herausgegeben von Guido Petter,
unter Mitarbeit von Beatrice Garau

Arena

1. Auflage 1980

Die Originalausgabe erschien in Italien unter
dem Titel »Per le vie dell'aria«
Aus dem Italienischen von Hansjörg Hofer

Satz und Filme: Fotosatz Service Weihrauch Würzburg
Reihengestaltung: Creativ Shop München
A. Bachmann u. Partner
Printed in Italy
ISBN 3 401 00506 5

Inhaltsverzeichnis

Die Luftfahrt mit Freiballons und Luftschiffen

Ein Storch hält sich durch Flügelschlagen in der Luft. Jahrhundertelang versuchte der Mensch, sich in Anlehnung an den Vogelflug fliegend vom Erdboden zu erheben, bis er endlich den aerostatischen Flug entdeckte.

Die Montgolfière: Der schwierige Beginn der Luftfahrt

Der menschliche Körper ist zum Leben auf der Erde geschaffen und nicht, wie derjenige der Vögel oder Insekten, zu längerem Aufenthalt in der Luft, auf oder gar unter der Wasseroberfläche, wie jener der Fische. Die Menschen haben jedoch immer davon geträumt, diese körperliche Beschränkung zu überwinden, zunächst durch eine reiche Vorstellungskraft, die in Märchen und Mythen ihren Niederschlag gefunden hat: Da ist die Rede von fliegenden Teppichen, von Hexen, die auf Besen durch die Lüfte reiten, von Menschen mit Flügeln aus Vogelfedern, von Hippogryphen oder Sirenen. In späterer Zeit wurden dann die ersten Versuche unternommen, unter Zuhilfenahme wissenschaftlicher Erkenntnisse mehr oder minder komplexe Maschinen zu konstruieren, die einen längeren Aufenthalt in der Luft oder unter Wasser ermöglichen sollten.

Was das Fliegen anbelangt, nahm man sich die Vögel zum Vorbild, die schwerer sind als Luft (oder besser gesagt: schwerer als das Luftvolumen, das sie durch ihren Körper verdrängen). Man entwarf und baute mechanische Flügel, die durch die Muskelkraft der Arme oder der Beine bewegt werden sollten – auch Leonardo da Vinci hat es versucht, und viele nach ihm. Andere wiederum wollten den Gleitflug der Vögel nachahmen und bauten, wie die Chinesen seit alters her, Flugdrachen oder in neuerer Zeit Flugapparate, um wenigstens an Hängen hinunterzuschweben.

Selbst dann, wenn die Vögel nicht als Vorbild dienten, wie etwa beim Hubschrauberentwurf Leonardos, dachte man immer an Maschinen, die schwerer als Luft waren und die nur hätten fliegen können, wenn sie sich so *rasch durch die Luft bewegt hätten* wie der Flügel eines Vogels.

Die Gebrüder Lilienthal bauen gegen Ende des vorigen Jahrhunderts die ersten brauchbaren Gleiter. Nach vielen erfolgreichen Flügen stürzt Otto Lilienthal 1896 tödlich ab. Seit einigen Jahren sind die Gleiter mit dem Namen »Flugdrachen« wieder in Mode gekommen, und selbst Starts von hohen Bergen aus sind mit diesen Fluggeräten keine Seltenheit mehr.

Modellzeichnung eines Hubschraubers von Leonardo da Vinci. Zu jener Zeit gab es allerdings keinen Motor, der eine genügend rasche Drehbewegung hätte erzeugen können, um diese Flugmaschine vom Boden zu heben.

Warum versuchte man erst so spät, Flugkörper zu bauen, die leichter als Luft sind?

Die Antwort auf diese Frage ist wahrscheinlich darin zu suchen, daß für das Flugzeug oder den Flugapparat natürliche Vorbilder, nämlich die Vögel, existieren, nicht aber für den Ballon. Es gibt nichts in der Natur, das fliegt, nur weil es leichter als Luft ist; selbst Blätter oder bestimmte Samen, die vom Wind emporgewirbelt werden, oder Seifenblasen sind schwerer als Luft, und sie sinken beim Nachlassen des Windes allmählich auf den Erdboden herunter.
Lange Zeit wußte der Mensch auch nicht, daß die Luft ein bestimmtes Gewicht hat; dazu mußte er zuerst eine Pumpe erfinden, die die Luft aus einem festen Gefäß saugen konnte: Ein Gewichtsvergleich hätte dann gezeigt, daß ein Gefäß, in dem ein Vakuum herrscht,

leichter ist als ein gleiches Gefäß voll Luft.
Da man nicht wußte, daß die Luft ein bestimmtes Gewicht hat, erkannte man nicht, daß für die Luftfahrt auch jene natürlichen Vorbilder gelten können, die man sich seit langer Zeit bei der Schiffahrt zunutze gemacht hatte, nämlich Holzstücke und gewisse leere Behälter; ins Wasser geworfen oder auf der Wasseroberfläche aufgesetzt tauchen sie wieder auf bzw. schwimmen auf der Oberfläche, da sie leichter sind als das entsprechende Volumen Wasser, das sie verdrängen. Anhand dieser Tatsache kam man wohl auf den Bau von Flößen und später von Booten und Schiffen, und man hätte auch an etwas denken können, das in die Luft steigt und sich dort schwebend fortbewegt, da es leichter als die verdrängte Luftmenge ist.
Luft und Wasser schienen jedoch zu unterschiedlich zu sein: Wasser ist sichtbar, Luft hingegen nicht; das eine kann man durch das einfache Umlegen eines Gefäßes ausgießen, das andere nicht; eines hat ein Gewicht, das andere anscheinend nicht.

Ein undurchführbares Projekt. Warum?

Die Idee, ein Mittel zu verwenden, das leichter als Luft ist, kam auf, als die Vakuumpumpe erfunden wurde, mit der man einen Behälter luftleer pumpen kann. Es gelang daraufhin, das Gewicht der Luft mit einiger Genauigkeit zu bestimmen, indem man das Gewicht eines luftleeren Behälters mit einem gleichgestalteten verglich, der hingegen Luft enthielt. Der Italiener Francesco Lana entwarf um das Jahr 1660 ein Fluggerät, das aus einem Boot bestand, und das von vier *luftleer* gepumpten Kupferkugeln in die Luft gehoben werden sollte. Die Vorstellungen von Lana hätten je-

Das obere Gefäß enthält Luft: Kippt man es, scheint keine Luft »auszufließen« wie dies beim Wasser der Fall ist, das im unteren Gefäß enthalten ist. Luft und Wasser schienen also vollkommen verschiedene Substanzen zu sein, und man bemerkte keine Ähnlichkeiten (etwa, daß beide ein bestimmtes Gewicht haben und eine Auftriebskraft auf einen Körper ausüben).

doch nie verwirklicht werden können. Die Kugeln hätten nämlich *sehr dünnwandig* sein müssen, da ihr Gewicht sonst jenes der aus ihnen herausgepumpten Luft übertroffen hätte. Sie wären dann natürlich nicht in die Höhe geschwebt, geschweige denn, daß man damit ein Boot in die Höhe hätte heben können. Wären die Wände der Kugeln hingegen sehr dünn gewesen, *hätte die umliegende Luft die Kugeln eingedrückt,* da durch das Vakuum kein Innendruck in den Kugeln geherrscht hätte, der dem Außendruck entgegenwirkt. Das gleiche geschieht, wenn wir einen Papiersack an den Mund halten und einatmend die Luft aus ihm heraussaugen: Der Sack wird durch den Druck der Außenluft zusammengequetscht. Um genügend Auftriebskraft zu erhalten und gleichzeitig zu verhindern, daß die Kugel zusammengedrückt wird, müßte man etwas Luft oder eine andere gasartige Substanz im Innenraum der Kugel belassen, so daß der Außendruck ausgeglichen wird. In jedem Fall jedoch müßte diese Substanz leichter sein als Luft. Zu jener Zeit kannte man aber keinen gasartigen Stoff, der leichter ist als die Luft. Ist es also wenigstens möglich, Luft zu erzeugen, die leichter ist als die übliche Atemluft?

Warme Luft ist leichter als kalte

Eine brauchbare Idee scheint der Portugiese Gusmao gehabt zu haben: Er entwarf zu Beginn des 18. Jh. ein Fluggerät, das durch die Auftriebskraft der Warmluft in die Höhe gehoben werden sollte.
Wieso steigt warme Luft überhaupt nach oben? Die

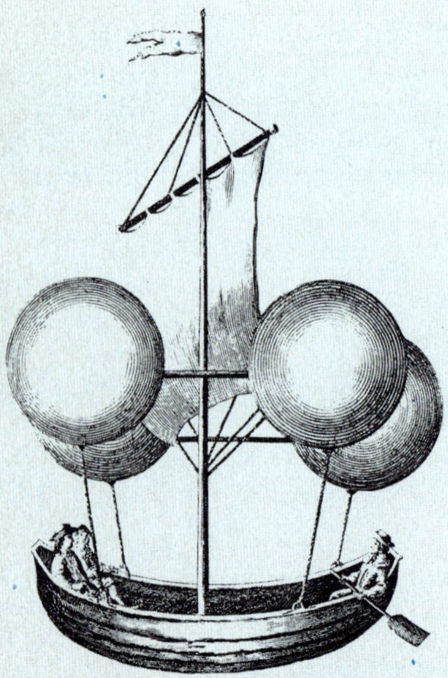

Das von F. Lana konzipierte Fluggerät. Es handelt sich um ein richtiges Boot, das von vier Kugeln getragen wird und mit Segel und Ruder ausgestattet ist. Lana war nicht bewußt, daß Segel und Ruder an einem »Boot« nutzlos sind, das in der Luft schwebt und mit der gleichen Geschwindigkeit wie der Wind vorangetrieben wird.

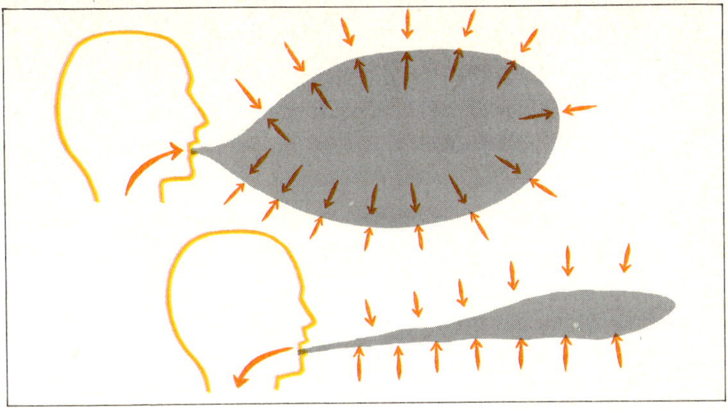

Wenn man die Luft aus einem Sack saugt, wird er durch die umliegende Luft zusammengedrückt, da er ja innen keine Luft bzw. keinen Innendruck mehr hat, der dem Außendruck entgegenwirken könnte. Den Kupferkugeln von F. Lana wäre es genauso ergangen.

Antwort ist schnell gefunden: Die Erwärmung führt zu einer Ausdehnung der Luft und daher zu einer Abnahme ihres spezifischen Gewichts. Erwärmt man ein oben offenes Gefäß, so entweicht ein Teil der sich ausdehnenden Luft und das Gefäß wird leichter. Die verbliebene Luft ist dünner und leichter als das gleiche Volumen kalter Luft in einem anderen Behälter. Die warme Luft ist also leichter und steigt nach oben; sie »schwebt« gewissermaßen über der sie umgebenden Kaltluft.

Das primitive Fluggerät, das Gusmao entwarf, bestand aus einer Art Tablett, auf dem ein Kohlebecken stand, das seinerseits durch ein Gitter abgedeckt war. Über das Tablett wurde ein Leintuch gestülpt, dessen Ecken an denen des Tabletts befestigt waren. Die durch das Kohlebecken erzeugte Warmluft sollte das Leintuch nach oben hin wie ein Segel aufblähen und dann in die Höhe heben. Das über dem Kohlebecken angebrachte Gitter sollte verhindern, daß das Lein-

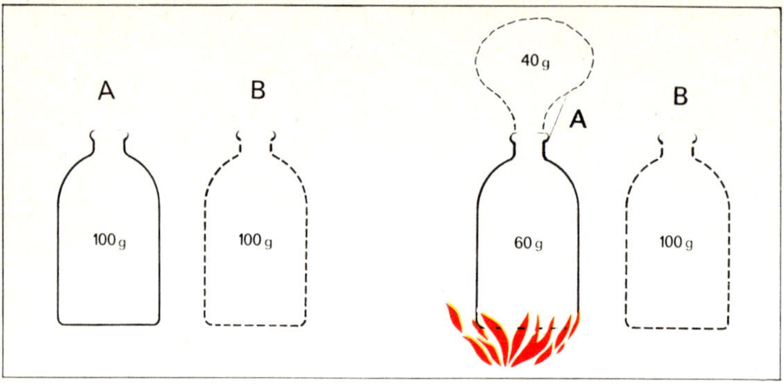

Die beiden Behälter A und B enthalten die gleiche Menge Luft. Nach der Erwärmung wiegt die Luft in A jedoch weniger als jene in B, da ein Teil von ihr wegen der Ausdehnung aus dem Gefäß entwichen ist.

tuch, bevor es richtig aufgebläht war, mit den glühenden Kohlen in Berührung kam.
Gebaut hat Gusmao sein Fluggerät nie. Er soll jedoch ein Modell konstruiert und in einem großen Saal vorgeführt haben, wobei das Demonstrationsobjekt außer Kontrolle geriet und die Vorhänge in Brand steckte. Hätte Gusmao seine Pläne in größerem Ausmaß verwirklicht, wäre sofort der technische Mangel zutage getreten, der ihnen anhaftete: Die Warmluft hätte zwar das Leinentuch aufgebläht, wäre jedoch großteils an den Seiten entwichen. Man hätte also durch bessere Umhüllung dem entgegenwirken müssen, so wie es bei einem Ballon der Fall ist.
Diese Idee hatte als erster der französische Papierfabrikant Montgolfier. Die Experimente Gusmaos waren ihm wahrscheinlich unbekannt. Er beobachtete eines Tages, wie Papierblätter in einem Feuer verbrannten, wobei die heiße Luft und der Rauch die verkohlten Papierfetzen in die Höhe wirbelten. Wäre es nicht möglich, dachte er sich, daß man die heiße Luft

und den Rauch in einem Papiersack einfängt, der dann in die Höhe getragen wird? Er war nämlich der Auffassung, daß auch der Rauch in diesem Zusammenhang von Bedeutung sei. Montgolfiers Experiment war jedenfalls erfolgreich: Der Papiersack stieg bis an die Decke des Zimmers und sank dann, sobald die Luft in seinem Inneren abgekühlt war, wieder auf den Boden herab.

Die Luft in einem größeren Ballon bleibt länger warm. Warum?

Montgolfier plante, einen weitaus größeren Sack herstellen zu lassen, ja einen richtigen Ballon, von dem er annahm, daß er höher steigen und länger in der Luft bleiben würde. War seine Hoffnung gerechtfertigt? Si-

Schematische Darstellung des Flugmodells von Gusmao. Die vom Kohlebecken erzeugte Wärme bläht das Leinentuch nach oben auf.

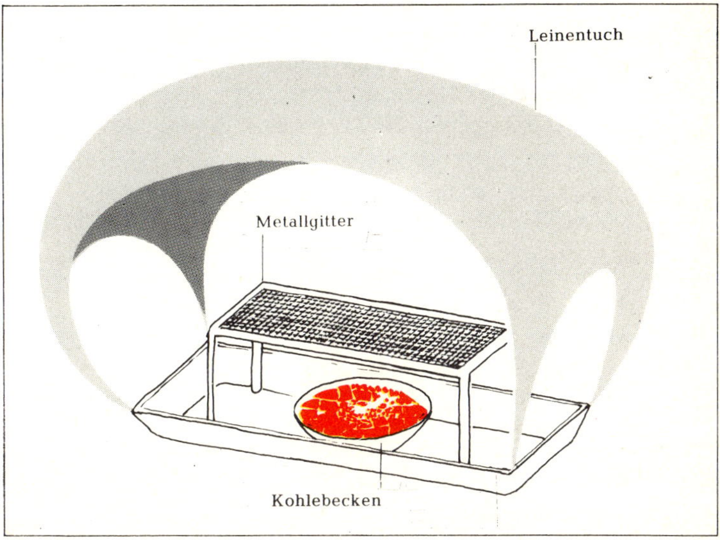

cherlich, auch wenn Montgolfier wahrscheinlich nicht wußte, warum. *In einem größeren Ballon nämlich wäre die Luft für längere Zeit warm geblieben.* Der Grund dafür ist rasch erklärt. Die Wärme in einem x-beliebigen Körper verliert sich, indem sie durch dessen Oberfläche nach außen dringt. Wenn man nun das Volumen eines Ballons vergrößert, wächst die Oberfläche, und damit das Gewicht der Hülle, weniger stark als der Inhalt. *Wenn man also das Volumen eines Körpers verdoppelt, verdoppelt sich nicht auch die Oberfläche.* Dies wird beim Vergleich zwischen zwei Würfeln deutlich, deren Seitenlängen im einen Fall 1 Meter, im anderen 2 Meter betragen: Das Volumen des größeren Würfels ist *acht Mal* so groß wie der des kleineren (also 8 m^3 gegenüber 1 m^3), die Oberfläche hingegen nur *vier Mal* so groß (24 m^2 gegenüber 6 m^2). Im Falle der Kugel nimmt der Inhalt bei jeweils größeren Objekten im Verhältnis zur Oberfläche noch stärker zu.

Mit Hilfe seines Bruders konstruierte Montgolfier seinen ersten großen Ballon, der im Juni des Jahres 1783 auch flog – damit war die Ära des aerostatischen Fluges eingeleitet. In einem weiteren Versuch im gleichen Jahr befestigten die Brüder Montgolfier einen Käfig unter ihrem Ballon, der, mit drei Insassen an Bord, nämlich einem Schaf, einer Ente und einem

Welche Ähnlichkeit besteht zwischen einer Montgolfière und einem Elefanten? Je größer eine Montgolfière ist, desto langsamer kühlt die in ihr enthaltene Heißluft ab. Die Körpertemperatur eines großen Tieres sinkt ebenfalls sehr langsam, und dies stellt den tierischen Organismus vor ein Problem, wenn die Körpertemperatur stark ansteigt (z.B. nach langem Laufen). Beim Elefanten haben sich daher große Ohren entwickelt, die von zahlreichen Blutgefäßen durchzogen sind. Ist es dem Tier zu warm, wackelt es langsam mit seinen Hängeohren, und sein Körper kann über das Blut Wärme abgeben.

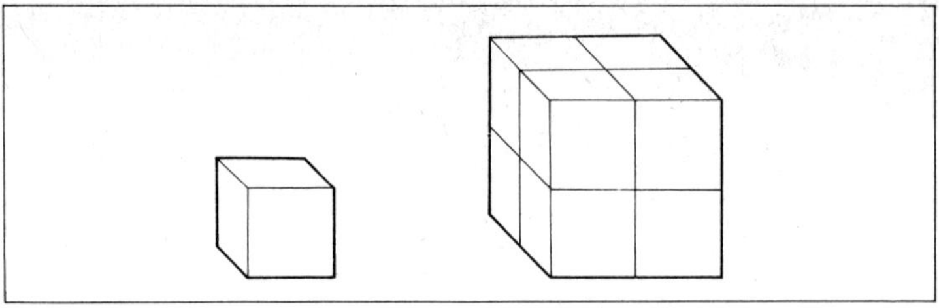

Der große Kubus setzt sich aus acht kleinen zusammen. Der Rauminhalt des großen Kubus ist achtmal so groß wie der des kleinen. Die Oberfläche beträgt hingegen nur das vierfache.

Hahn, acht Minuten lang flog. Am 21. November 1783 fand dann der erste bemannte Ballonflug statt. Die Montgolfiers hatten einen noch größeren Ballon anfertigen lassen, mit einer Gondel, in der zwei Personen Platz hatten sowie Brennmaterial, um ein Feuer in Gang zu halten, das die Luft im Ballon immer wieder aufwärmte, so daß das Fluggerät in der Luft eine Strekke von etwa 10 km zurücklegen konnte.
Diese Ballons erhielten den Namen Montgolfièren.

Die Schwachstellen einer Montgolfière

Heute bauen nur noch flugbegeisterte und ausreichend geschickte Jugendliche Montgolfièren, und selbst zur Zeit der Brüder Montgolfier verwendete man ihr Fluggerät nur selten. Warum? Eine Montgolfière ist ein gefährliches Fluggerät. So kann das Feuer unter der Ballonöffnung die Ballonhülle entzünden; hinzukommt, daß der Ballon wegen der allmählichen

Start einer Montgolfière in einer zeitgenössischen Abbildung. Die zwei seitlichen Stangen und die Stricke dienten zum Befestigen der Hülle während des Füllens mit Heißluft.

Abnahme des Brennmateriales immer leichter wird und immer weiter in die Höhe steigt, wenn man das Feuer nicht sehr sorgfältig im Auge behält und reguliert; schließlich bringt die Warmluftfüllung* des Ballons mit sich, daß man immer wieder nachheizen muß, wobei man trotz allem keine starke Auftriebskraft erhält, da erwärmte Luft eben nur etwas leichter ist als die umliegende Kaltluft. Deshalb ersetzte man die Warmluft durch *ein leichteres Gas*, sobald dies technisch möglich wurde.

---

*) Die warme Luft ist leichter als die kalte und steigt daher nach oben. Beim Aufstieg dehnt sie sich aus, da der Druck in größerer Höhe immer mehr abnimmt, und kühlt sich wieder ab. Diese Abkühlung führt in vielen Fällen zur Kondensation eines Teils der Feuchtigkeit, die in der Luft enthalten ist, und dabei zur Bildung von Wolken. Der rasche Aufstieg einer großen Menge von Warmluft führt oft zu einer schnellen Kondensation riesiger Feuchtigkeitsmengen und daraufhin zu einem Gewitter. Warum fällt aber manchmal Hagel statt Regen zur Erde? Oder: Wie bleiben die Wolken am Himmel? Haben sie etwas mit den Luftschiffen gemeinsam? Probleme dieser Art werden im Band »*Wolken, Wind und Regen*« in dieser Schriftenreihe angesprochen.

Der Gasballon

Zu der Zeit, als die ersten Montgolfièren gebaut wurden, war ein Gas entdeckt worden, das, gemeinsam mit Sauerstoff, im Wasser enthalten ist: der Wasserstoff. Wasserstoff ist ein sehr leicht entzündliches und daher gefährliches Gas; es muß jedoch nicht erwärmt bzw. mit einer offenen Flamme warm gehalten werden, da es etwa 15mal weniger wiegt als Luft und daher einen starken Auftrieb besitzt.

Der Wasserstoffballon

Wenn man Wasserstoff in einen Ballon füllt, so bleibt dieser prall gefüllt, da das Gas der Außenluft einen entsprechenden Gegendruck leistet. Wäre dieses Gas F. Lana bekannt gewesen, so hätte er damit seine Kupferkugeln problemlos füllen können und diese

Der erste bemannte Wasserstoffballon von Charles aus dem Jahre 1793 in einer zeitgenössischen Abbildung. Die Gondel hat noch die Form eines Bootes, das Netz bedeckt nur den oberen Teil der Hülle und es fehlen das Gasventil und der Füllansatz. Ein solches Fluggerät konnte gefährlich sein, da sich das Gas beim Aufsteigen ausdehnt und den Ballon in größerer Höhe zum Platzen gebracht hätte.

hätten auch sein »Flugschiffchen« in die Höhe gehoben, wenn sie nur groß genug gewesen wären. Als man Wasserstoff zum Fliegen einsetzte, mußte man es natürlich in luftdichte Ballons einfüllen.
Der erste Gasballon erhob sich nur wenige Monate nach dem ersten Flug einer Montgolfière in die Luft, und auch der erste bemannte Gasballonflug fand bald darauf statt, wobei die zurückgelegte Strecke fast 43 km betrug.
In diesem Jahr 1783 schien also ein regelrechter Wettkampf zwischen dem Heißluftballon und dem Wasserstoffballon stattzufinden, der aber zugunsten des Gasballons endete, da dessen Vorteile gegenüber dem Heißluftballon bald sichtbar wurden. Für die nächsten 100 Jahre beherrschte der Gasballon unangefochten den Luftraum.

Ein notwendiges Zubehör: der Fallschirm

Schon bei den ersten Ballonflügen ergab sich das Problem, für den Fall, daß sich ein Ballon entzündete oder unkontrollierbar vom Kurs abgeriet, ein rettendes Hilfmittel zum raschen Verlassen des Fluggerätes zur Verfügung zu haben. Dieses Problem konnte mit Hilfe des Fallschirms gelöst werden.
Einen Fallschirm hatte bereits Leonardo da Vinci entworfen, doch geht seine erste Verwendung gerade auf die Zeit zurück, in der das Ballonfliegen aufkam.
Die frühesten Fallschirme waren natürlich sehr einfache Geräte; die heutigen sind in einem kleinen Sack zusammengelegt und mit einem Hilfsfallschirm versehen, der durch Federkraft aus der Hülle schnellt und den Hauptfallschirm nachzieht; häufig steht auch noch ein Notfallschirm zur Verfügung, sollte sich der Hauptfallschirm nicht öffnen. Ein in Not geratener Flugzeuginsasse oder Ballonfahrer kann heute ohne besondere Vorbereitungen aus seinem havarierten Fluggerät abspringen und landet fast immer sicher.
Die frühen Fallschirme waren bereits vollkommen entfaltet und an ihrem höchsten Punkt am Ballon festgemacht. Bei manchen Modellen hing die Gondel direkt am Fallschirm, der seinerseits durch eine mechanisch zu lösende Verankerung am Ballon fixiert war. Im Gefahrenfall konnte die Verbindung zwischen Fallschirm und Ballon durch eine Sicherheitsleine gelöst werden, und die Gondel sank, wenn auch rasch, so doch halbwegs sicher zu Boden.

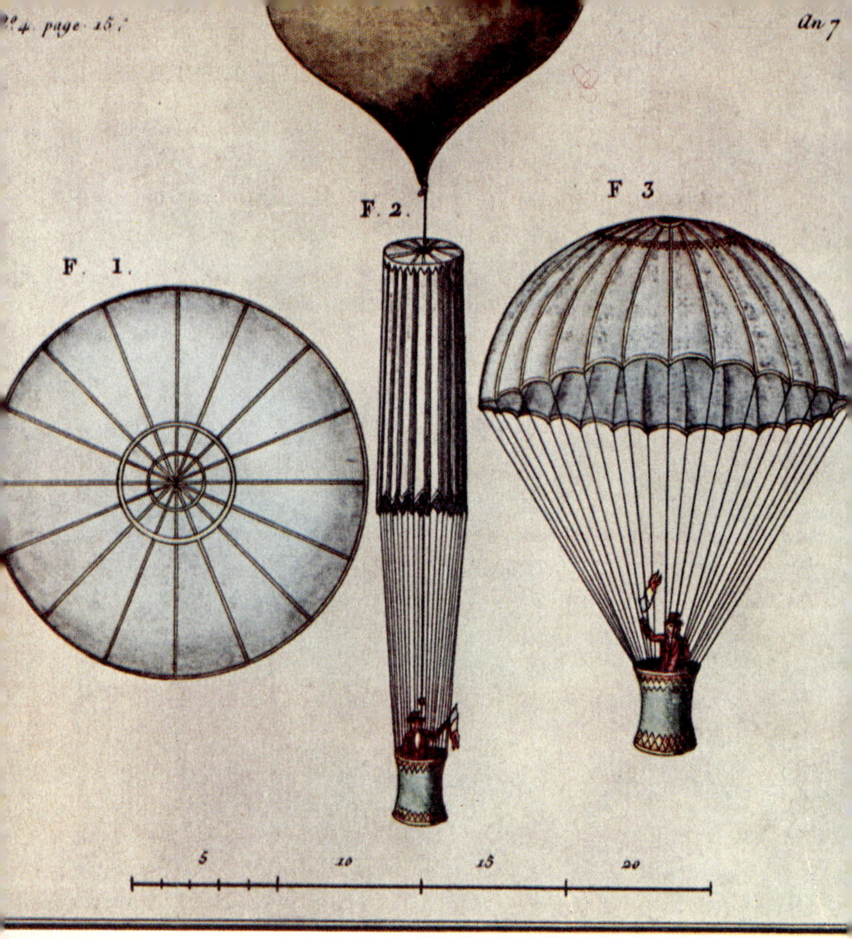

Auf diesem Druck vom Beginn des 19. Jh. ist das Funktionieren des am Ballon angebrachten Fallschirms ersichtlich. Abbildung F 1 zeigt die Hülle von oben, F 2 den am Ballon hängenden, geschlossenen Fallschirm, F 3 den geöffneten, niedergehenden Fallschirm, nachdem die Verbindung zum Ballon gelöst wurde.

Was bezeichnen wir als einen Freiballon bzw. als ein Luftschiff?

Ein Freiballon besteht (wie im Prinzip auch das Luftschiff) aus einer gasgefüllten Hülle, an deren Unterseite ein Korb oder eine Gondel befestigt ist, die Personen und/oder Instrumente aufnehmen kann. Dieses Fluggerät steigt und sinkt aus rein statischen Gründen, im besonderen wegen der unterschiedlichen Gewichtsverteilung zwischen dem Fluggerät als solchem und dem Luftvolumen, das es verdrängt. Das diesem Auftrieb zugrundeliegende Prinzip hatte bereits Archimedes formuliert. Der Auftrieb, so meinte er sinngemäß, ist die Kraft, die jeden in eine Flüssigkeit oder ein Gas (in unserem Fall die Luft) getauchten Körper nach oben, also im entgegengesetzten Sinne zur Schwerkraft zu treiben sucht. Infolge des Auftriebs erleidet der Körper eine Gewichtsverminderung; diese ist gleich dem Gewicht der Flüssigkeits- oder Gasmenge, die von dem eintauchenden Körper verdrängt wird (Archimedisches Prinzip).
Wenn also der Ballon ein bestimmtes Luftvolumen verdrängt, das schwerer ist als er selbst, so steigt er in die Höhe. Läßt man hingegen etwas Gas aus dem Ballon ausströmen, so daß er nicht mehr so prall gefüllt ist und daher weniger Luft bzw. das ihr entsprechende Gewicht verdrängt, läßt der Auftrieb nach, und der Ballon beginnt zu sinken.
Wie kann er dann aber erneut in die Höhe steigen? Man muß ihn entweder erneut mit Gas aufblähen oder aber das Gesamtgewicht des Flugkörpers herabsetzen, indem man eine bestimmte Menge der eigens zu diesem Zweck mitgeführten Ballaststoffe, z.B. Steine oder Sandsäcke, aus der Gondel wirft. Sand eignet sich als Ballast besonders gut, da man genau die benö-

Auf diesem japanischen Holzschnitt sind die verschiedenen Phasen des Starts eines Ballons wiedergegeben. In den Fässern rechts im Bild sind die zur Wasserstoffherstellung notwendigen Mittel enthalten. Um den am Gerüst hängenden Ballon stehen mehrere Personen, die die Seile auseinanderhalten, die später die Gondel tragen sollen. Jeder Ballon ist mit einem Fallschirm ausgerüstet.

tigte Gewichtsmenge ablassen kann, um ein neuerliches Aufsteigen zu ermöglichen. Manchmal muß man sogar so weit gehen, sich der Lebensmittel, der Instrumente, ja sogar einiger Kleidungsstücke zu entledigen, um eine Landung an einem ungünstigen oder gefahrenreichen Ort zu verhindern.

Durch das Ablassen von Gas und das Abwerfen von Ballast, das je nach Wunsch mehrmals abwechselnd hintereinander vorgenommen werden kann, wird dem Ballonfahrer die Möglichkeit gegeben, mehrere Male tiefer zu sinken und dann wieder höher zu steigen. Früher oder später jedoch muß er Gas nachfüllen und neuen Ballast aufnehmen.

Das Ballonfahren ist gar nicht so einfach

Ein Ballon steigt und sinkt nicht nur in der Vertikalen, sondern er wird vom Wind in eine bestimmte horizontale Richtung getrieben, wobei die Ballonfahrer fast nichts tun können, um diese Richtung zu beeinflussen; sie spüren nicht einmal, woher der Wind weht, weil ihre Fluggeschwindigkeit der des Windes entspricht – es geht ihnen wie einem Korken, der mit der gleichen Geschwindigkeit wie das ihn tragende Was-

Das Segelboot bewegt sich in gleicher Richtung wie der Wind, jedoch mit einer geringeren Geschwindigkeit als dieser; der Freiballon hingegen mit der gleichen Geschwindigkeit wie der Wind.

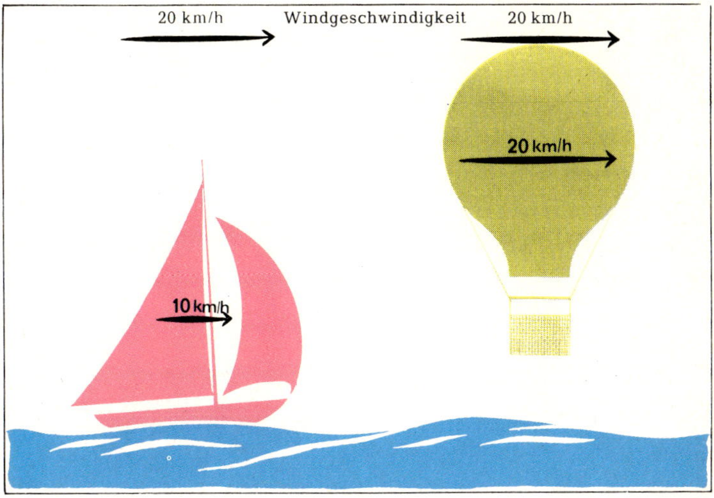

ser auf den Wellen dahinschaukelt. Die Ballonfahrer spüren den Wind nur, wenn er plötzlich die Richtung wechselt oder böig weht; im übrigen haben sie jedoch den Eindruck stillzustehen, obwohl sie natürlich durch den Ausblick auf die Erdoberfläche ihre Ortsveränderung wahrnehmen. Ein fliegender Freiballon kann daher nicht mit einem Boot verglichen werden, denn das Wasserfahrzeug bewegt sich *mit niederer Geschwindigkeit* als der Wind, der seine Segel bläht, da die Reibung zwischen dem Wasser und dem Schiffsrumpf seine Fahrt bremst. Der Freiballon hingegen wird durch nichts gebremst und fliegt im und mit dem Wind.

Das eine oder andere Mittel haben die Ballonfahrer jedoch zur Verfügung, um ihren Kurs zu korrigieren. Zunächst einmal wehen die Winde in verschiedenen Höhenlagen nicht immer in die gleiche Richtung; wer die Winde einer bestimmten Gegend kennt, läßt seinen Ballon sinken oder steigen, um jene Windrichtung zu nutzen, die ihm gerade genehm ist. Man kann jedoch auch Wattebäuschchen aus der Gondel werfen oder kleine Ballons aufsteigen lassen, um damit die jeweiligen Windrichtungen zu bestimmen.

Eine andere Methode, Richtungsänderungen vorzunehmen, besteht darin, *die Eigengeschwindigkeit des Ballons gegenüber der des Windes zu senken* und das Fluggerät mit einem Segel zu versehen.

Dieses System wurde vom schwedischen Forscher Andrée angewandt, der mit einem Freiballon versuchte, den Nordpol zu erreichen. *Er ließ Stahlseile von der Gondel auf den Erdboden* (bzw. auf das Eis oder ins Wasser) *hinabhängen, die die Fahrt des Ballons bremsten,* so daß er den Wind bzw. dessen Richtung spüren konnte. Neben der Gondel wurde dann ein Segel angebracht, das den Wind ablenkte, wo-

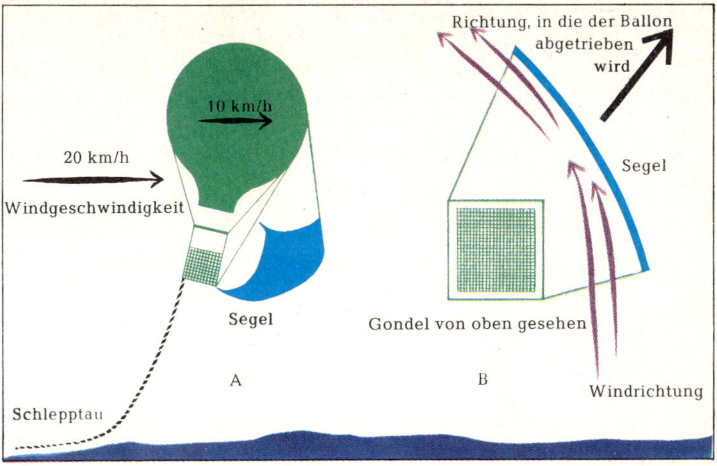

(A) Der Ballon, dessen Fahrt vom Schlepptau gebremst wird, fliegt mit geringerer Geschwindigkeit als jener des Windes (10 km/h anstatt 20 km/h).

(B) In dieser Abbildung wird die Gondel von oben gezeigt; der Wind trifft in einem flachen Winkel auf das Segel und treibt den Ballon in eine etwas andere Richtung als jene des Windes.

durch der Ballon bis zu 30° von der Windrichtung abgetrieben wurde. Die Versuche, die Andrée vor seinem Abflug zum Nordpol anstellte, verliefen positiv; nicht so die eigentliche Expedition: Auf der Ballonhülle bildete sich eine Eisschicht, die schließlich so schwer wurde, daß sie den Absturz des Ballons verursachte.

Die wichtigsten Bauteile eines Freiballons

Wir haben festgestellt, daß ein Ballon steigt, wenn die Hülle, die meist aus gummiertem Stoff besteht, prall mit Gas gefüllt ist und keinerlei Falten aufweist. Die Hülle wird von einem Netz umschlossen, das unter der Hülle zum sogenannten Korbring zusammenläuft. An diesem Ring sind die Korbleinen befestigt, die die Gondel tragen, welche früher meist aus einem Korbgeflecht bestand, um Gewicht zu sparen. Außen an der Gondel war der Ballast derart befestigt, daß ein rasches Ablassen möglich war. Es kann nämlich passieren, daß ein Ballon bei einem Gewitter in absteigende Luftströmungen gerät, so daß sofort Ballast abgeworfen werden muß, um den rasch einsetzenden Höhenverlust auszugleichen.
Von der Gondel ziehen sich zwei verschiedenfarbige Leinen nach oben. Die eine, die sogenannte Ventilleine, dient zum Öffnen des Gasventils am höchsten Punkt des Ballons. Die andere, die Reißleine, dient zum Aufreißen einer Stoffbahn in der Ballonhülle, der sogenannten Reißbahn, was bei Landungen bei heftigem Wind notwendig sein kann.

Die technischen Einzelheiten eines Freiballons. Die Reißleine ist oben mit einigen Sicherheitsschlaufen versehen. Der Füllansatz wurde meist offengelassen, so daß bei größeren Höhen und starkem Innendruck etwas Gas entweichen konnte, um zu verhindern, daß der Ballon eventuell platzt.

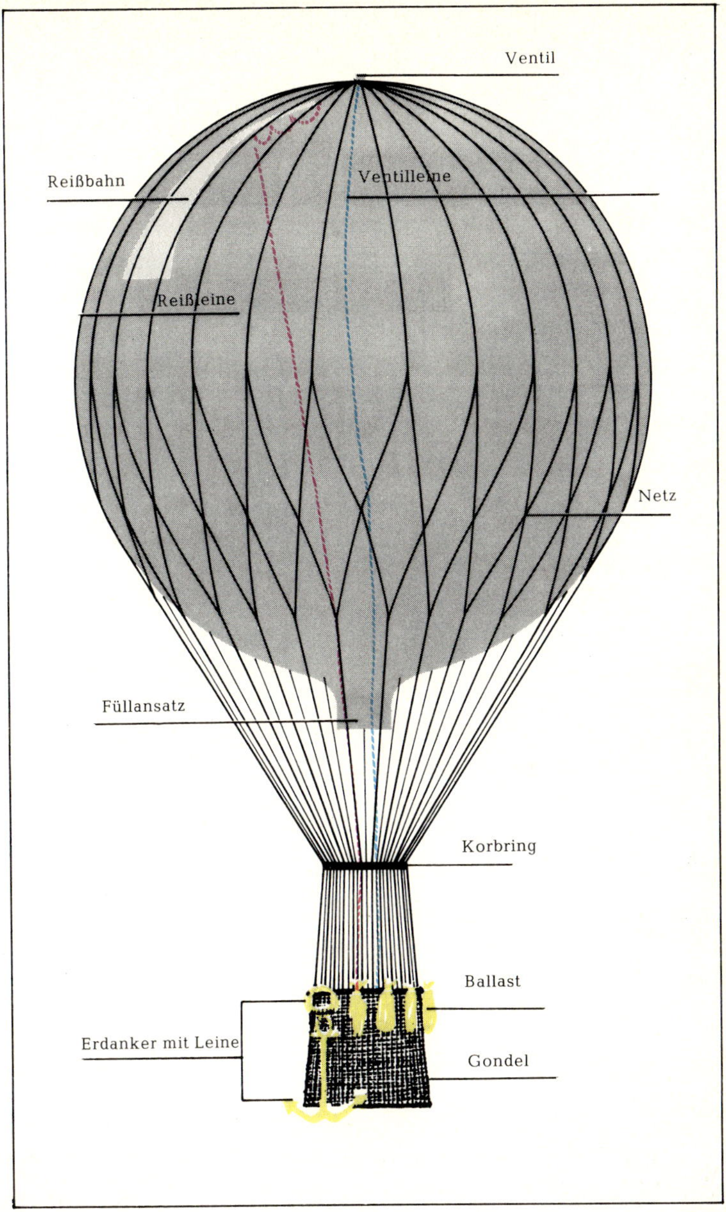
Ventil
Reißbahn
Ventilleine
Reißleine
Netz
Füllansatz
Korbring
Ballast
Erdanker mit Leine
Gondel

Die Landung ist bei einem Freiballon nämlich eine der gefährlichsten und schwierigsten Manöver. Da es ja praktisch unmöglich ist, den Ballon genau in die gewünschte Richtung zu lenken, kann man sich auch nicht immer den günstigsten Landeplatz aussuchen; zusätzlich können gefährliche Hindernisse im Weg stehen, wie Häuser, Bäume oder Stromleitungen, wobei etwa der Zusammenstoß mit einer Stromleitung zu Funkenbildung führen könnte, die das Gas im Ballon entzünden würde.
Ist jedoch ein Landeplatz ausgemacht, läßt man den Ballon sinken und wirft, wenn man dem Erdboden nahe genug ist, den sogenannten Erdanker aus, der an einer langen Leine hängt, deren anderes Ende an der Gondel festgemacht ist. Der Anker hakt sich in Unebenheiten des Erdbodens oder im Gestrüpp ein und stoppt so den Flug; daraufhin läßt man noch etwas Gas aus dem Ballon entweichen, der dann zu Boden sinkt. Weht jedoch ein starker Wind und hält der Anker nicht gut genug, so besteht die Gefahr, daß der Ballon nach dem Aufsetzen vom Wind weiter mitgerissen wird, wobei er die halbliegende Gondel natürlich mitschleift. In diesem Fall zieht man die Reißleine: Da-

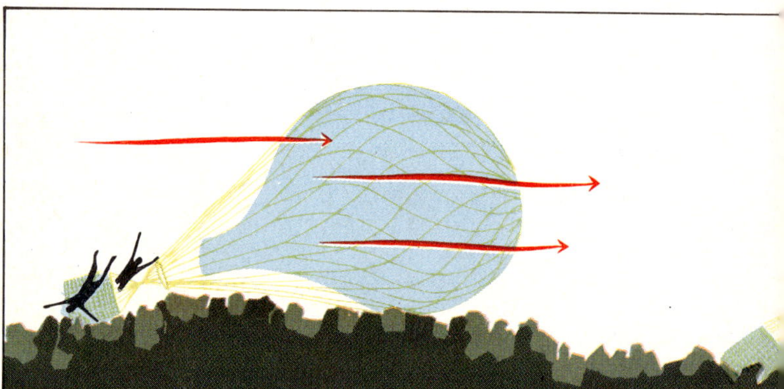

durch wird eine Stoffbahn im oberen Teil des Ballons aufgerissen, und das Gas entweicht in kürzester Zeit, so daß der Ballon rasch zusammensinkt und dem Wind keine Angriffsfläche mehr bietet.
Selbstverständlich kann man nach einer derartigen Landung nicht wieder aufsteigen, da zunächst die aufgerissene Stelle in der Hülle repariert und der Ballon erneut mit Gas gefüllt werden muß.

Die Auswirkungen von Wärme und Kälte

Der Ballonfahrer muß nicht nur auf die verschiedenen Windrichtungen bei seinem Flug achten, sondern auch andere Phänomene berücksichtigen, nützliche und gefährliche. Vor allem muß er die Unterschiede von Druck und Volumen des Gases in seinem Ballon im Auge behalten, Unterschiede, die sich durch Temperaturschwankungen ergeben.
Wenn die Sonne auf den Ballon scheint, wird das darin enthaltene Gas erwärmt, dehnt sich und die Hülle aus und der Ballon steigt weiter an. Gerät der Ballon jedoch in oder unter eine Wolke oder beginnt es gar zu

Ein Ballon, der bei heftigem Wind landet, kann zum Schaden von Mensch und Ballon von einer Windströmung am Boden mitgerissen werden. Eine Stoffbahn im oberen Teil des Ballons kann mit Hilfe einer Schnur kurz vor der Landung aufgerissen werden, wodurch das Gas in kürzester Zeit entweicht und die Ballonhülle dem Wind keinen Widerstand mehr bietet.

regnen, kühlt sich das Gas ab, und der Ballon beginnt zu sinken.

Da die Temperatur des Gases nach Sonnenuntergang* abnimmt, ist es leichter, am Abend zu landen, ohne allzuviel Gas ablassen zu müssen; für den Start sind hingegen die Morgenstunden am geeignetsten, da man nicht viel Ballast abwerfen muß. Fliegt man in einer gewissen Höhe in einer Wolke, kann sich an der Hülle Eis bilden; wird diese Eisschicht zu dick, beschwert sie den Ballon und kann sogar, wie im Falle Andrées, einen Absturz bewirken. Es ist daher ratsam, durch Ballastabwurf in einer Wolke so rasch wie möglich zu steigen, damit die Sonne das Eis bald wieder zum Schmelzen bringt. Dann aber muß man etwas Gas ablassen, da der Ballon sehr rasch an Höhe gewinnt. Ein Ballonfahrer muß also alle diese Phänomene berücksichtigen, und er braucht daher eine gute Ausbildung und viel Geschick.

---

*) Beim Aufstieg wird das Gas durch die Sonneneinstrahlung zusätzlich erwärmt, und dehnt somit die Hülle des Ballons aus. Dieser Effekt kann durch eine besondere Farbgebung der Außenhaut gemindert werden.

Die Zusammenhänge zwischen der Farbe eines Körpers und seiner Fähigkeit, Strahlung des Sonnenlichts zu absorbieren, werden in einem Folgeband der Reihe »Leben heute« erklärt. Weitere Themenbereiche sind: Die Farbempfindlichkeit des Auges bei Mensch und Tier, Farbtechnik der Freskomalerei, Farbdrucktechniken usw.

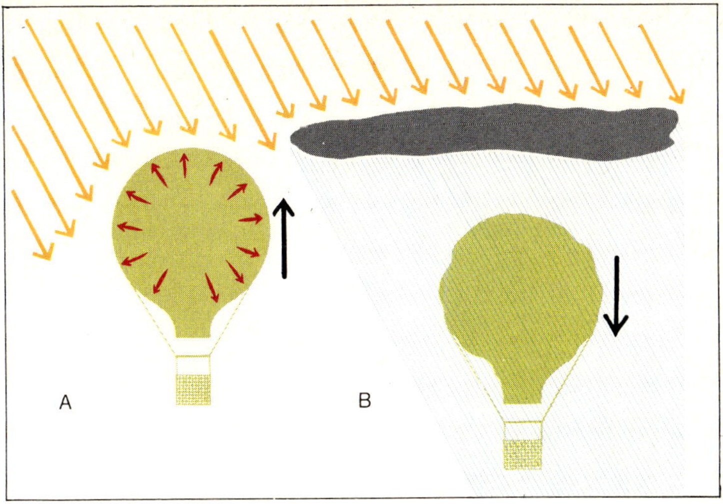

A – Durch die Sonneneinstrahlung erwärmt sich das Gas und dehnt sich aus; die Hülle wird prall, und der Ballon steigt.
B – Eine Wolke verdeckt die Sonne, das Gas kühlt ab, und der Ballon beginnt zu sinken.

Das Schleppseil

Um die dauernden Veränderungen der Flughöhe zu verhindern, die sich durch Temperaturschwankungen ergeben und die die Ballonfahrer zwingen, Gas bzw. Ballast zu vergeuden, wurde der Gebrauch des Schleppseils, das von der Gondel hinabhängt und dessen Ende auf dem Boden oder im Wasser schleift, immer häufiger. Besonders nützlich ist das Schleppseil, wenn man zu Beobachtungszwecken eine konstante Höhe über dem Erdboden bewahren will. Das untere Ende bremst einerseits den Ballon, was, wie wir gesehen haben, dann von Nutzen ist, wenn man den Ballon mit einem Segel zu lenken versucht; andererseits kann man nach Wunsch die Auftriebskraft verändern, indem man durch Verlängerung oder Verkürzung des herabhängenden Seilabschnittes das Gewicht der Gondel erhöht oder herabsetzt. Wenn der Ballon zu steigen beginnt, wird ein bestimmter Abschnitt des am Boden nachschleifenden Seiles eingeholt, bis das zusätzliche Gewicht in der Gondel ein weiteres Ansteigen verhindert. Wenn der Ballon hingegen herabzusinken beginnt, wird die Länge des am Boden mitgezogenen Seiles erhöht, so daß der Ballon gewichtsmäßig entlastet wird, was ein weiteres Absinken verhindert.

A – *Der Ballon wird durch das Gewicht von 100 kg Schleppseil in einer mittleren Höhe gehalten.*

B – *Durch die Sonneneinstrahlung erwärmt, beginnt der Ballon zu steigen; das wegen der größeren Länge des freihängenden Seils zunehmende Gewicht (50 kg mehr) verhindert ein weiteres Ansteigen.*

C – *Vom Regen beschwert sinkt der Ballon; die geringere Länge bzw. das entsprechend geringere Gewicht (50 kg weniger) des freihängenden Seils hält den Abstieg auf.*

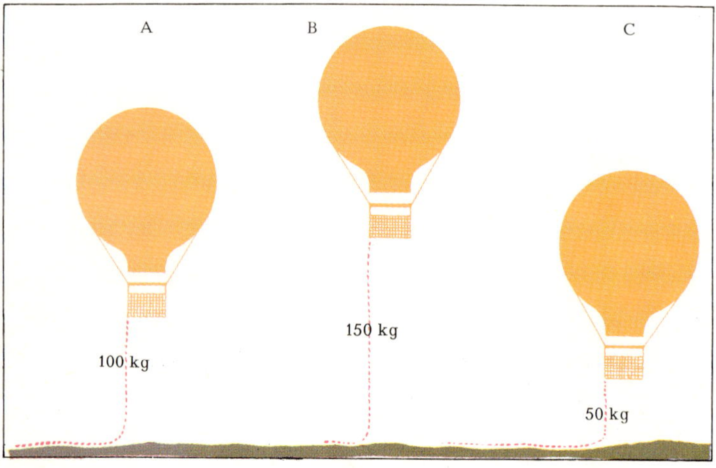

Vom Freiballon zum Luftschiff

Der Hauptmangel des Freiballons bestand darin, daß er nicht voll lenkbar war.
Es wurden indessen zahlreiche Pläne entworfen, um diesem Mangel abzuhelfen. Ein entscheidender Schritt wurde gegen Ende des 19. Jh. getan, als man begann, Hüllen von länglicher Form zu konstruieren. Man folgte also einer Entwicklung, die bereits in der Schiffahrt vorgezeichnet war, wo man, von Flößen ausgehend, zu Booten und Schiffen gekommen war.

Viele Ballons in einer Reihe

Eine langgezogene Konstruktion konnte man erreichen, indem man entweder eine zigarrenförmige Hülle baute und sie mit Gas füllte, oder indem man vier oder fünf gefüllte Ballons nebeneinanderhing und sie

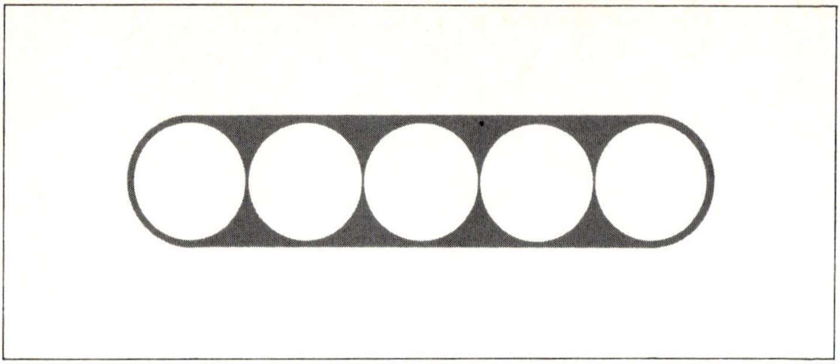

Im Prinzip bestand ein Luftschiff ursprünglich aus einer Reihe nebeneinander befestigter Ballons, die von einer einzigen länglichen Hülle umschlossen waren.

dann mit einer Hülle umschloß. Man gab schließlich dieser zweiten Lösung den Vorzug, wobei später die einzelnen Ballons durch voneinander getrennte Kammern ersetzt wurden.
Die letztgenannte Konstruktionsart bot nämlich eine Reihe von Vorteilen, von denen wir einige jetzt, einige später nennen wollen. Wenn etwa die Hülle an einer bestimmten Stelle reißen sollte, würde das Gas nur aus einem der Ballons austreten, bzw. aus einer der inneren Kammern, während die übrigen das Luftschiff in der Luft halten würden, sofern man sofort Ballast abwirft. Ein weiterer Vorteil ist, daß man den Bug des Luftschiffes heben und senken kann, indem man entweder aus der Kammer im Bug oder aus der im Heck etwas Gas entweichen läßt.

Was für einen Motor braucht das Luftschiff?

Die langgestreckte Form des Luftschiffes ermöglichte auch eine leichtere Fortbewegung durch die Lüfte, sofern man ein geeignetes Antriebsmittel fand. Der

Luftwiderstand machte sich ja lediglich am vordersten Ballon bzw. an der vordersten Kammer bemerkbar, während die anderen dazu dienten, das Luftschiff in der Schwebe zu halten.

Wie konnte man aber erreichen, daß sich das Luftschiff in jeder beliebigen Richtung fortbewegte, und nicht nur in derjenigen des Windes? Wie konnte man gar gegen den Wind fliegen?

Zahlreiche Versuche wurden unternommen, um dieses Problem zu lösen. Es wurde sogar der Vorschlag gemacht, gezähmte Adler an Leinen vorausfliegen zu lassen, die dann das Luftschiff nachziehen sollten wie

Projekte für die Fortbewegung eines Luftschiffes: mit Rudern (A) *oder durch die Rückstoßkraft von unter Druck stehendem Dampf* (B).

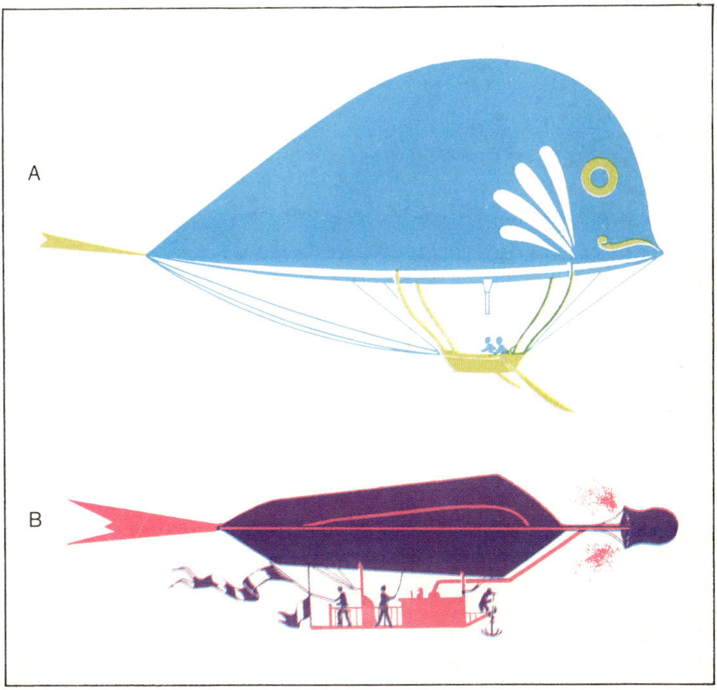

Pferde einen Wagen oder Hunde einen Schlitten. Von anderer Seite stammt das Projekt, am Luftschiff eine Luftschraube anzubringen, die mit Muskelkraft getrieben werden sollte; die erzeugte Kraft wäre jedoch zu niedrig gewesen und man hätte damit höchstens ein kleines Fluggerät bei völliger Windstille in Bewegung bringen können.

Ein fruchtbarerer Versuch bestand darin, das Luftschiff mit einer Dampfmaschine auszurüsten, die eine oder mehrere Luftschrauben antrieb. Hiermit konnte eine gewisse Fluggeschwindigkeit erreicht werden, die jedoch nicht ausreichte, um mit kräftiger wehenden Winden fertigzuwerden. Wieso konnte eine Dampfmaschine, die doch schwere Züge oder große Schiffe anzutreiben vermochte, beim Luftschiff keine ausreichende Fluggeschwindigkeit erzeugen?

Man muß sich vor Augen halten, daß die Dampfmaschinen im 19. Jh. technisch noch nicht voll ausgereift waren. Auch hätte die Dampfmaschine, um eine ausreichende Leistung zu erzielen, ziemlich groß und schwer sein müssen. Um eine so schwere Maschine in die Höhe zu hieven, hätte auch die Hülle des Luftschiffes größer sein müssen, was wiederum ihren Luftwiderstand erhöht hätte.

Dieses Problem eines ausgewogenen Verhältnisses zwischen Motorgewicht und Motorleistung ist etwa bei der Schiffahrt nicht so gravierend, da ein Schiff auch dann schwimmt, wenn es durch hohe Zuladung

Die Frau von Santos-Dumont entwarf selbst Luftschiffe und ließ die ersten Modelle mit Benzinmotor-Antrieb bauen. Hier fliegt sie mit einem Modell, das vorne mit einer Luftschraube und hinten mit Seitenrudern ausgerüstet ist. Die Höhenruder an Luftschiffen wurden erst dann hinzugefügt, als es Motoren mit genügender Leistung gab und es von Nutzen war, den Bug zu heben oder zu senken.

belastet wird. Diese Tatsache trug unter anderem dazu bei, daß sich die Dampfschiffahrt zu kommerziellen Zwecken so rasch und so weit ausbreitete. Für die Luftfahrt hingegen war das Verhältnis Gewicht : Leistung von ausschlaggebender Bedeutung. Erst der Verbrennungsmotor (Otto-Motor) löste das Problem, denn er bringt bei günstigem Gewicht und geringem Kraftstoffverbrauch eine Leistung, die eine Verwendung für die Luftfahrt möglich macht.
Der Verbrennungsmotor ist verhältnismäßig leicht und erbringt eine relativ hohe Leistung. An einem Luftschiff angebracht, verleiht er ihm eine Geschwindigkeit, die höher ist als die des Windes, so daß man auch gegen den Wind fliegen kann. Um Richtungsänderungen vorzunehmen, brachte man an der Hinterseite des Luftschiffes Lenkruder an wie bei einem Schiff. Endlich konnte man also jede gewünschte Richtung einschlagen und war dem Wind nicht mehr hilflos ausgesetzt – die Zeit des lenkbaren Luftschiffes war angebrochen.
Gegen Ende des 19. Jh. setzte ein französischer Industrieller zur Stimulierung von Erfindern und Konstrukteuren einen Preis für denjenigen aus, der als erster in 30 Minuten von Saint-Cloud (in der Nähe von Paris) nach Paris flog, den Eiffelturm umrundete und wieder Saint-Cloud erreichte. Zahlreiche erfolglose Versuche zur Erringung des Preises wurden unternommen, und die Öffentlichkeit verfolgte die Bemühungen mit Interesse, manchmal, wegen der häufigen Unfälle, mit Sorge, manchmal mit Begeisterung.

Der Versuch, ein Luftschiff mit einem Elektromotor zu versehen – dargestellt in einer zeitgenössischen Abbildung. Da die Batterien zu groß und schwer waren, gab man diese Versuche bald zugunsten eines Antriebs mit Benzinmotoren auf.

Schließlich gelang es dem jungen Brasilianer Santos-Dumont 1901, den begehrten Preis zu gewinnen.
Er hatte mit dem Einsatz von Benzinmotoren begonnen und wurde später in ganz Paris bekannt, da er zur Fortbewegung in der Stadt ein kleines Luftschiff benutzte.

Ein Luftschiff von Santos-Dumont ist wegen eines Defektes in einem Garten in der Umgebung von Paris notgelandet. Bei diesem Modell sind Luftschraube und Seitenruder am Heck angebracht.

Das Problem der glücklichen Landung

War durch den Einsatz des Verbrennungsmotors das Problem der Lenkbarkeit eines Luftschiffes gelöst, so zeigte sich, daß dadurch auch andere bisherige Schwierigkeiten der Luftschiffahrt leichter überwunden werden konnten.

Zum Beispiel gestaltete sich die Landung einfacher: Das Luftschiff konnte zum Startplatz zurückkehren oder an einem anderen beliebigen Ort niedergehen, wo, nach Möglichkeit, ausgebildetes Personal zur Verfügung stand, das beim Manövrieren behilflich war, wo es geeignete Vorrichtungen gab, die Windrichtung und Windstärke anzeigten, und wo Hangars zur Verfügung standen, die bei Sturm die Luftschiffe aufnehmen konnten.
Wenn zum Zeitpunkt des Niedergehens eines Luftschiffes zu starker Wind herrschte, der eine richtige Landung gefährden konnte, blieb das Gefährt in der Schwebe und wurde lediglich am Bug an einem Eisenmasten fixiert, so daß es sich gegen den Wind drehen konnte wie eine Fahne. Die Insassen konnten dann über eine Hängeleiter oder ähnliches zu Boden steigen. Dabei mußte man mit entsprechenden Gewichten jenes der aussteigenden Insassen ausgleichen, um zu verhindern, daß sich das nicht fixierte Heck immer weiter anhob.

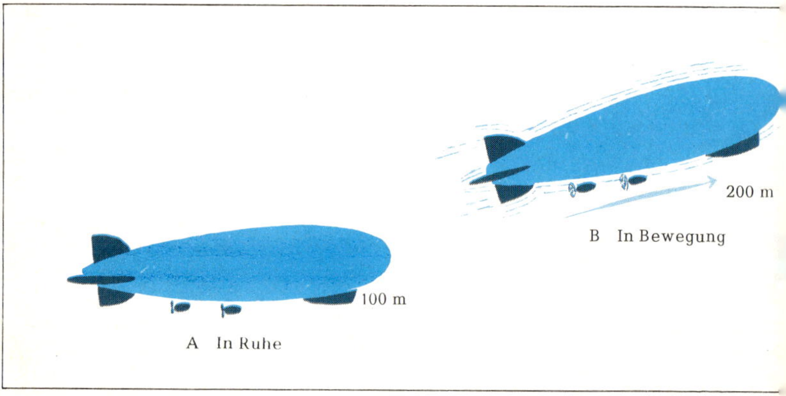

Zwei Arten des Auf- und Abstiegs mit einem Luftschiff

Auch konnte ein weiteres Problem gelöst werden, das die Luftschiffer beschäftigt hatte, nämlich die Art und Weise, wie man mit den Auswirkungen von Temperaturschwankungen, mit Gewichtsveränderungen durch Nahrungsmittelverbrauch und Treibstoffkonsum bzw. durch die Einwirkung von Regen, Schnee oder Eisbildung fertig werden könne, ohne immer wieder Ballast abzuwerfen bzw. Gas abzulassen. Was tat man?
Das Luftschiff war in der Zwischenzeit nicht nur mit einem Seitenruder, sondern auch mit einem Höhenruder ausgestattet. Liefen die Motoren und gaben dem Fahrzeug eine bestimmte Geschwindigkeit, konnte man es mit dem Höhenruder schräg nach oben oder unten lenken. Der Einsatz der Höhenruder war also wesentlich bequemer als die frühere Methode, die darin bestand, ein Laufgewicht nach Bedarf entweder gegen den Bug oder das Heck zu verschieben (diese Aufgabe konnte auch ein Mensch übernehmen) – ganz abgelassen hat man von diesem Vorgehen aber nicht.

C Werden die Motoren abgeschaltet, sinkt das Luftschiff wieder auf eine Höhe von 100 Metern zurück.

(A) Das Luftschiff befindet sich in einer Höhe von 100 Metern. Wird der Bug bei rascher Fahrt mittels der Höhenruder angehoben (B), schiebt sich der Unterteil des Fluggerätes über die darunterliegenden Luftmassen und steigt in dynamischer Weise. Werden die Motoren angehalten und läßt ihre Schubkraft nach (C), sinkt das Luftschiff wieder auf 100 m ab (bzw. auf eine etwas größere Höhe, da es durch den Benzinverbrauch leichter geworden ist).

War das Luftschiff nun in Ruhe, konnte es nur durch Abwerfen von Ballast oder Ablassen von Gas zum Steigen oder Sinken gebracht werden, genauso wie ein Freiballon. War das Fahrzeug jedoch in Bewegung und der Bug nach oben gerichtet, stieg es, mit der Unterseite auf der Luft »schwimmend«, in »dynamischer« Weise nach oben wie ein Motorboot, dessen Bug sich bei zunehmender Geschwindigkeit aus dem Wasser hebt. Blieb es dann jedoch stehen, sank es in »statischer« Weise hinab, bis das statische Gleichgewicht erreicht wurde. Lenkte man den Bug des Luftschiffes hingegen nach unten, drückte es mit der

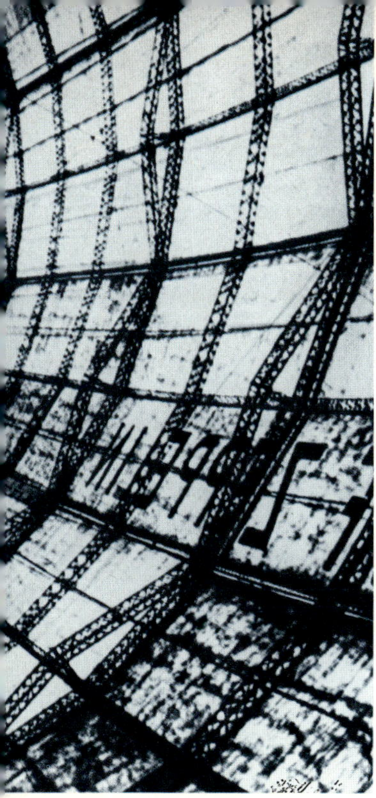

Das Innere eines Zeppelins. Es fehlen die Trennwände der Gaszellen. Die Hülle bestand aus imprägniertem Stoff.

Oberseite gegen die umliegende Luft und sank in »dynamischer« Art; blieb man stehen, stieg das Luftschiff allmählich wieder nach oben, bis das statische Gleichgewicht erreicht war. Genauso geht es vor sich, wenn wir einen Besenstiel oder einen Bleistift schräg nach unten geneigt ins Wasser werfen: Er schnellt bis zu einer gewissen Tiefe ins Wasser hinab, kehrt jedoch, sobald die Schubkraft nachläßt, an die Oberfläche zurück.

Das starre Luftschiff

Die frühesten Luftschiffe waren unstarr oder halbstarr, d.h. sie gewannen und behielten ihre langgestreckte Form lediglich, wenn sie prall mit Gas gefüllt waren. Ließ man das Gas ab, so fiel die Hülle zusammen.
Gegen Ende des 19. Jh. und zu Beginn des 20. Jh. begann Graf Zeppelin hingegen mit dem Bau von starren Luftschiffen, bei denen die Hülle durch ein Aluminiumgerüst getragen wurde. Das Gerüst ähnelte einem riesigen, langgestreckten Käfig, der vorne und hinten spitz zulief und in dem die Gasbehälter untergebracht waren.

Das Gerüst wurde dann mit Stoff bespannt. Die Personenkabine und die weiter rückwärts liegenden Motoren mit den Luftschrauben waren direkt am Gerüst fixiert, und somit erübrigte sich das bisher um die Hülle gespannte Netz.
Der erste Zeppelin – wie das starre Luftschiff mit Aluminiumgerüst und Stoffbespannung nach seinem Erfinder genannt wurde – erhob sich 1900 von einem schwimmenden Hangar im Bodensee. Der schwimmende Hangar konnte so gedreht werden, daß bei Start und Landung die günstigste Windrichtung gewählt werden konnte.
Die Unterteilung des Innenaufbaus in mehrere Gaszellen erwies sich mehrmals als äußerst nützlich. Im

Der erste Zeppelin auf dem Rückflug zum Hangar auf dem Bodensee. Am Bug ist die provisorische Reparatur ersichtlich, die vorgenommen werden mußte, nachdem das Vorderteil des Luftschiffes beschädigt worden war. Die Länge des fehlenden Stückes kann man an der Distanz zwischen der hinteren Gondel und dem Heck ermessen. Die Pferde rechts im Bild ziehen einen Feuerwehrwagen, der für den Fall eines Brandes bereitstand.

Jahre 1909 etwa stieß ein Zeppelin bei der Landung gegen einen Baum und wurde am Bug schwer beschädigt. Graf Zeppelin ließ daraufhin das Vorderteil des Luftschiffes abnehmen und einen der Motoren ausbauen, worauf es trotzdem noch möglich war, den Hangar fliegend zu erreichen, wie aus der Abbildung ersichtlich ist.

Kann man auch die Luft als Ballast benutzen?

Mittlerweile waren einige technische Neuerungen eingeführt worden, die beim Flug unnötige Gasverschwendung und Zeitverlust sparten. Von besonderer Bedeutung waren die sogenannten Ballonetts, die es auch einem in Ruhe befindlichen Luftschiff ermöglichten, auf- und abzusteigen, ohne Gas abzulassen oder Ballast abzuwerfen.

Schematische Darstellung der Funktionsweise der Ballonetts.

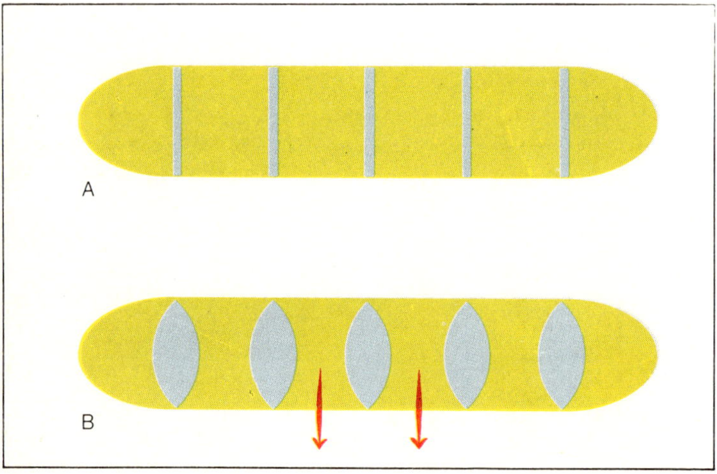

Was sind Ballonetts und wie funktionieren sie? Versuchen wir, dies mit Hilfe der Abbildung zu erklären.
Das schematisch dargestellte Luftschiff der Abbildung A hat sechs Gaszellen (in gelb wiedergegeben), zwischen denen sich fünf Kammern befinden, die mit Druckluft aufgefüllt werden können und sich dabei ausdehnen. Die Luft hat, wie wir wissen, ein bestimmtes Gewicht, das zunimmt, wenn sie unter Druck steht.
Werden nun die Luftkammern mit Druckluft aufgefüllt (Abb. B, Druckluft in grau wiedergegeben), wird das Gas in den Gaszellen komprimiert und verliert an Volumen; das Luftschiff hingegen verändert, da es starr ist, seine Form und Größe nicht. Da es das Gas ist, das dem Luftschiff den nötigen Auftrieb gewährt, führt eine Volumensenkung desselben und die Zufuhr schwererer Druckluft dazu, daß das Luftschiff an Höhe verliert. Will man wieder höher steigen, läßt man die Luft aus den Luftkammern ab, damit sich das Gas wieder ausdehnen kann.
Im wesentlichen handelte es sich also um die Erkenntnis, daß man anstatt Sand oder Steinen auch Luft als Ballast verwenden konnte, die ja überall reichlich vorhanden ist.
Dem Einpumpen von Luft in die Ballonetts entspricht das Füllen der Tauchtanks beim Unterseeboot: In beiden Fällen wird das Fahrzeug beschwert und sinkt herab. Will man das U-Boot wieder zum Steigen bringen, wird das Ballastwasser wieder aus den Tauchtanks gepumpt.
Die Zeppeline wurden in den Jahren vor dem ersten Weltkrieg in Deutschland und Europa für die zivile Luftfahrt eingesetzt. In den ersten Kriegsjahren dienten die Luftschiffe hingegen auch militärischen Zwecken und wurden von deutscher Seite zu Aufklä-

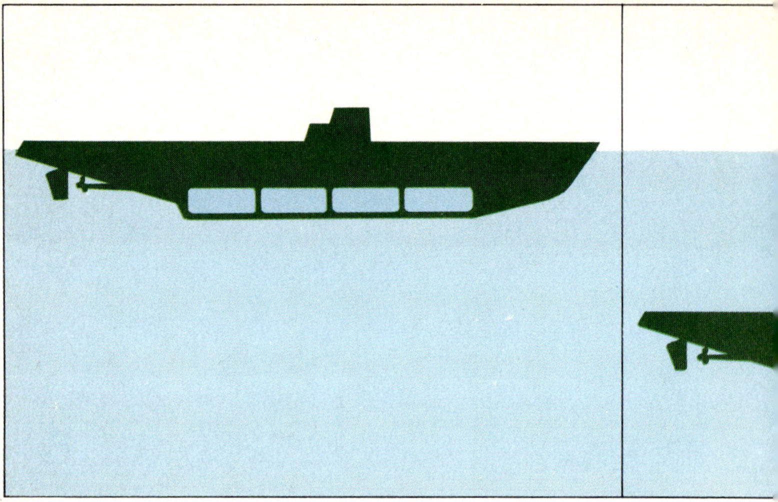

rungsflügen und auch zur Bombardierung entfernter feindlicher Ziele eingesetzt. London etwa wurde das erste Mal von Zeppelinen aus bombardiert. Während der letzten Kriegsjahre jedoch kamen die Zeppeline immer seltener zum Einsatz, da die Entwicklung des Flugzeuges weit genug fortgeschritten war, um Kampfmaschinen zu bauen, mit denen man die großen Luftschiffe, die ein leichtes Ziel boten, von oben her beschießen und in Brand stecken konnte.

Die großen Luftschiffe

Nach dem Krieg kam der Bau und der Einsatz von Zeppelinen jedoch wieder voll in Schwung. Das Flugzeug war zwar technisch fortentwickelt worden, blieb aber noch ein unzuverlässiges und gefährliches Fortbewegungsmittel, das wenig Fracht aufnehmen konnte, eine geringe Reichweite besaß, ungemütlich und

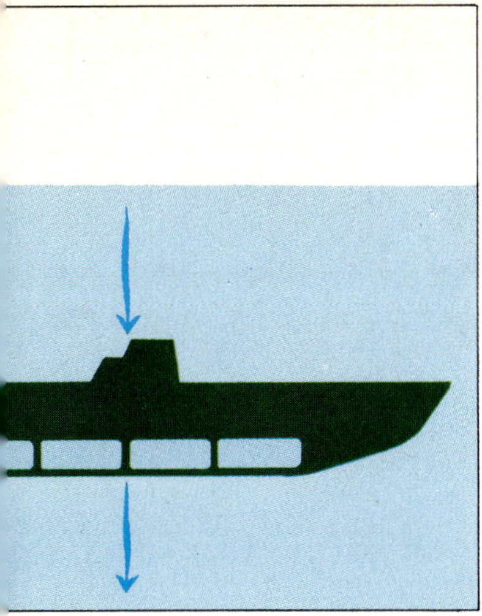

Sind die Tauchtanks des Unterseebootes voll Luft, schwimmt das U-Boot. Werden sie mit Wasser gefüllt, sinkt es. Um ein Auftauchen zu ermöglichen, werden die Tanks wieder leergepumpt.

obendrein laut war. Es konnte also nicht zahlreiche Passagiere sicher und komfortabel über weite Strekken hin transportieren, wie eben das Luftschiff.
Zu jener Zeit schien es also, als seien die Zeppeline die Luftfahrzeuge der Zukunft. Die Gefahr bestand zwar weiterhin, daß sich das Gas im Luftschiff entzünden konnte, doch half man dem zumindest in den USA ab, indem man die Hülle nicht mehr mit Wasserstoff, sondern mit Helium füllte, einem Gas, das nicht brennt. Man konnte daher auch die Motoren in das Innere der Hülle verlegen, so daß lediglich die Luftschrauben aus ihr hervortraten. Das Helium wurde in den Vereinigten Staaten aus natürlichen Quellen gewonnen, und da es ziemlich selten war, verbot die amerikanische Regierung seine Ausfuhr. Die europäischen Luftschiffe mußten demnach weiterhin mit Wasserstoff gefüllt werden, da Helium in der freien Natur fast nur in Amerika vorkommt.
Auf Initiative von Graf Zeppelin wurde jedoch eine

weitere technische Neuheit eingeführt, die, wie die Ballonetts, das Ziel hatte, die Auftriebskraft zu stabilisieren und den Gasverlust bzw. das Abwerfen von Ballast auf ein Minimum zu reduzieren. Diese Neuheit war besonders für jene Luftschiffe von Nutzen, die weite Strecken ohne Zwischenlandung zurücklegen mußten: Gerade bei ihnen führte der Verbrauch von großen Mengen Benzin dazu, daß sie allmählich immer leichter wurden.

Im Jahre 1928 wurde das Luftschiff »Graf Zeppelin« in Dienst gestellt, ein Riesenfahrzeug von 236 Meter Länge, 30 Meter Breite und einem Rauminhalt von 105.000 Kubikmetern. Sein Inneres war in 12 Gaszellen mit Wasserstoff unterteilt, die insgesamt 75.000 Kubikmeter Volumen umfaßten. Den restlichen Innenraum nahm hingegen das sogenannte *Blaugas* ein, das anstatt Benzin als Motorentreibstoff verwendet wurde.

Da Blaugas das gleiche spezifische Gewicht wie Luft besitzt, füllte man die sich entleerenden Blaugaszellen mit Luft auf, so daß sich das Gesamtgewicht des Luftschiffes nicht änderte.*

Das LZ 127 »Graf Zeppelin« (LZ = Werftnummer »Luftschiff Zeppelin«) unternahm im Jahre 1929 als erstes eine Weltumrundung in 20 Tagen (Friedrichshafen – Danzig – Ural – Sibirien – Tokio – Los Angeles – New York – Friedrichshafen).

---

*) Ein Kubikmeter *Blaugas* ergab die gleiche Leistung wie die Benzinmenge, die von einem Kubikmeter Wasserstoff in die Höhe gehoben werden konnte. Wären die 30 000 Kubikmeter mit Wasserstoff anstatt mit Blaugas gefüllt gewesen, hätten sie es ermöglicht, genügend Benzin mitzunehmen, um die gleiche Energiemenge wie mit dem Blaugas zu erzeugen. Wäre das Benzin jedoch verbraucht gewesen, hätte man zum Absteigen 30 000 Kubikmeter Wasserstoff ablassen oder aber riesige Luftmengen in die Ballonetts pumpen müssen, was wiederum Benzin erfordert hätte.

Der Aufbau des halbstarren Luftschiffes

Neben den starren Luftschiffen gab es die unstarren. Sie waren lediglich Ballons in länglicher Form, die nur noch zu Beobachtungsflügen verwendet wurden. Als dritte Art gab es schließlich die halbstarren.
Beim halbstarren Luftschiff wird die Hülle nicht durch ein Gerüst getragen, sondern lediglich durch die Gasfüllung, die sich in mehreren Zellen befindet, prall gehalten. Es hat einen unten oder innen an der Hülle entlanglaufenden Kiel – oder ähnliche Vorrichtun-

Zwei Zeppeline überfliegen New York.

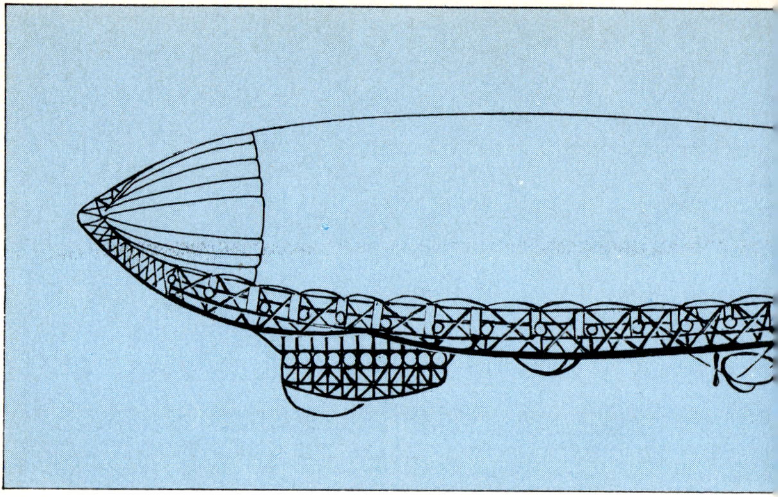

gen –, an dem die Gondel, die Motoren und das Leitwerk befestigt sind. Der Kiel gab dem Luftschiff eine gewisse Festigkeit, ohne jedoch so viel zu wiegen wie das Aluminiumgerüst des Zeppelin. Die Besatzungsmitglieder konnten den Kiel entlanggehen, um zu ihrem jeweiligen Einsatzort zu gelangen.
Der Bau von halbstarren Luftschiffen wurde etwa in Italien vom Ingenieur Umberto Nobile vorangetrieben. Mit einem großen, in Italien gebauten Luftschiff dieser Art, das den Namen »Norge« trug (was Norwegen bedeutet: Das Luftschiff war von der norwegischen geographischen Gesellschaft angekauft worden) gelang es 1926, den Nordpol und das nördliche Eismeer zu überfliegen. Die Expedition dauerte von Europa über den Pol zur amerikanischen Nordküste lediglich 72 Stunden, wobei Gegenwinde und, gegen Ende der Fahrt, ein heftiges Gewitter zu überwinden waren (der Polarforscher Ellsworth, Teilnehmer der Expedition, berichtet darüber im Anhang). Obwohl die Wetterverhältnisse im übrigen gut waren, stellt

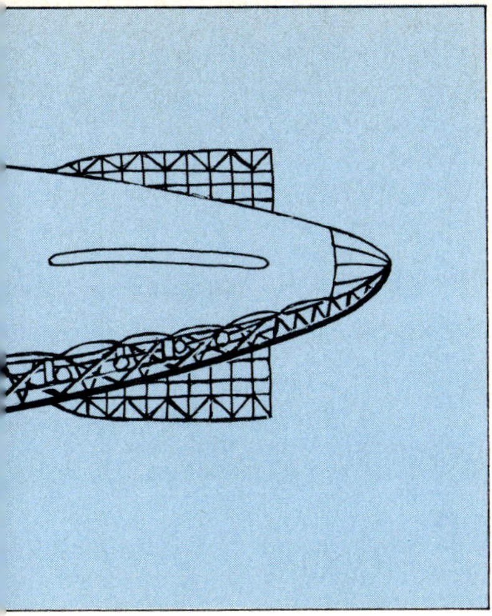

Auf der Abbildung ist der Kiel eines halbstarren Luftschiffes ersichtlich, der die Personenkabine und die Motoren trägt. Das Leitwerk ist ebenfalls eine starre Konstruktion.

diese Reise ein große Leistung dar. Am Steuer der Norge war Nobile selbst, während der große norwegische Forscher Amundsen als Passagier mitfuhr. Während das Luftschiff den Pol überflog, soll jemand gesagt haben, die Verhältnisse seien eigentlich so gut, als ob »der Teufel schliefe«. Der Teufel: damit waren natürlich der Wind, der Frost und der Nebel gemeint, Faktoren, die bisher fast alle zurückgeworfen hatten, deren Ziel der Nordpol war.

Wach war der Teufel aber sicher, als Nobile mit einem anderen Luftschiff zwei Jahre später versuchte, weitere Polarregionen zu erkunden, um Neuland zu erforschen und wissenschaftliche Beobachtungen anzustellen.

Bei einer dieser Reisen gelangte das Luftschiff »Italia« bis zum Pol, wo man geplant hatte auszusteigen, sich über eine kleine Gondel herabzulassen oder gar zu landen. Die schlechten Wetterverhältnisse vereitelten jedoch diesen Versuch.

Nachdem man bei der Rückfahrt stundenlang gegen

Das halbstarre Luftschiff »Norge«, mit dem das arktische Eismeer überflogen wurde. Gut sichtbar sind der Mittelmotor und der linke Seitenmotor. Das Leitwerk wurde durch Metallkabel bedient, die sich von der Kabine rückwärts zum Heck hinzogen.

einen heftigen Wind angekämpft hatte, wobei der Nebel den Luftfahrern jede Sicht nahm, stellte sich ein Defekt am Höhenruder ein, der die Besatzung zwang, die Motoren abzuschalten.

Man war bewußt niedrig geflogen, um sich wenigstens etwas orientieren zu können, doch nun stieg das Luftschiff *statisch* in die Höhe, über die Wolken hinaus, so daß die Besatzung ihren Standort bestimmen konnte. Die Sonneneinstrahlung führte jedoch zu einer Erwärmung und Ausdehnung des Gases, was ein rascheres Ansteigen bewirkte, und man sich gezwungen sah, etwas Gas abzulassen. Möglicherweise blieb anschließend das Gasventil wegen der Eisbildung offen oder aber es riß die Hülle an irgendeiner Stelle – jedenfalls begann sich das Luftschiff mit dem Bug aufwärts zu stellen, bis die Motorkraft nicht mehr ausreichte, um das Fahrzeug in *dynamischer* Weise in der Luft zu halten, und es stürzte auf das Eis. Die Motoren hatte man zwar vorher abgestellt, um das Ausbrechen von Feuer zu verhindern, doch die Gondel brach auseinander und ein Teil der Besatzung fiel, zusammen mit Ausrüstungsgegenständen, zu denen glücklicherweise ein Radio und ein Zelt gehörten, aus dem Wrack. Das Luftschiff, das plötzlich von einer größeren Ballastmenge befreit war, stieg rasch wieder in die Lüfte und entschwand mit den übrigen Besatzungsmitgliedern auf Nimmerwiedersehen in den Wolken. Jene hingegen, die auf das Eis gestürzt waren (auch Nobile gehörte zu ihnen), richteten sich notdürftig im einzigen Zelt ein und konnten nach mehreren Tagen erfolgloser Versuche endlich mit ihrem Expeditions-

Das Luftschiff »Italia« in der Königsbucht auf Spitzbergen vor dem Abflug in die Polargebiete.

schiff Funkkontakt aufnehmen und den Rettungsmannschaften wertvolle Hinweise geben. Der Sommer war jedoch bereits nahe, und das Packeis begann auseinanderzubrechen, so daß die Rettungsmannschaften, die mit Schlitten aufgebrochen waren, vor große Schwierigkeiten gestellt wurden. Auch trieben Meeresströmungen die Eisscholle mit dem Zelt der Überlebenden umher. Hilfe konnte man aus der Luft erwarten, und zwar durch den Einsatz der ersten mit Kufen ausgerüsteten oder als Wasserflugzeuge gebauten Maschinen, die jedoch noch äußerst zerbrechlich waren und eine geringe Reichweite besaßen. Auch Amundsen beteiligte sich an der Suchaktion; doch das Flugzeug, mit dem er unterwegs war, stürzte ab, und der große Polarforscher fand dabei den Tod.

Um in der weiten und blendend weißen Eiswüste besser gesehen zu werden, hatten die Überlebenden des Absturzes ihr Zelt mit roter Anilinfarbe gefärbt. Die Anilinfarbe nahm man in Glasfläschchen bei Luftschiffflügen mit, um die Flughöhe aus der Zeit zu bestimmen, die das Fläschchen benötigte, um zur Erde zu fallen, wo es zersprang und einen gut sichtbaren Farbfleck hinterließ.

Die »Luftschiffbrüchigen« wurden schließlich entdeckt, und ein Teil von ihnen konnte mit einem Flugzeug gerettet werden. Bei einem der Rettungsflüge kippte das Flugzeug bei der Landung in der Nähe des »roten Zeltes« um, und die restlichen Überlebenden wurden schließlich durch einen sowjetischen Eisbrecher gerettet, einem der ersten Schiffe seiner Art.

Die Epoche der Luftschiffe geht zu Ende

Das Unglück, das Nobile zustieß, war nur eines der vielen, die sich in jenen Jahren und auch später in der Luftschiffahrt ereigneten*.
Die Größe der Hülle und die relative Schwäche des Materials boten starken Winden gute Angriffsflächen; auch war der metereologische Frühwarndienst noch nicht so gut organisiert wie heute, so daß die Luftfahrer nicht schon einige Tage vorher Berichte über sich verschlechternde Wetterverhältnisse erhalten konnten.
So verschwand das französische Luftschiff »Dixmunde« nach einer langen Reise über Afrika, nachdem es über dem Mittelmeer wahrscheinlich auseinandergebrochen und in Brand geraten war. Keiner der Passagiere konnte sich retten.
Das amerikanische Luftschiff »Schemandoch« brach in der Luft in drei Teile auseinander; ein Teil blieb jedoch wie ein Ballon in der Luft, und so konnten fast alle Insassen gerettet werden. Weitere Todesopfer forderten Unfälle mit zwei weiteren amerikanischen Luftschiffen, der »Akron« und der »Makron«. Die

*) Andrée, Amundsen und Nobile versuchten, den Nordpol mit Freiballons oder Luftschiffen zu erreichen, und zumindest bei zwei Expeditionen gelang es, den Pol zu überfliegen. Wieso hat man es aber beim Südpol nicht versucht? Dies liegt daran, daß die Antarktis ein gebirgiges Gebiet ist, wo dauernd heftige Winde vom Inland aufs Meer hinauswehen. Welche Unterschiede bestehen noch zwischen Arktis und Antarktis? Und welchen Schwierigkeiten sahen sich die Forscher in beiden Gebieten gegenüber? Hat man auch mit Flugzeugen Schwierigkeiten, in die Antarktis vorzudringen? Diesen und anderen Fragen ist der Band *»Die Erforschung der Antarktis«* in dieser Schriftenreihe gewidmet.

»Akron« geriet über dem Atlantik in einen Zyklon, wurde mit 200 km/h auf die Meeresoberfläche geschleudert und zerschellte; die »Makron« verlor in der Luft einen Teil des Leitwerks und mußte auf dem Pazifik aufsetzen. Die meisten Besatzungsmitglieder von zwei englischen Luftschiffen, der R-38 und R-101, kamen ebenfalls ums Leben, als das eine in der Luft zerbrach, das andere gegen einen Hügel fuhr und Feuer fing.
Die größte Katastrophe ereignete sich jedoch 1936, als das LZ 129 »Hindenburg« in Flammen aufging. Die »Hindenburg« war auf der Transatlantik-Route zwischen Deutschland und den USA eingesetzt; sie hatte eine Reisegeschwindigkeit von mehr als 100 km/h und konnte 70 Passagiere aufnehmen, denen Kabinen, ein Salon mit Klavier, ein Speisesaal und zwei Aussichtsterrassen zur Verfügung standen.
Beim Landemanöver stieß der Zeppelin auf dem Luftschiffhafen Lakehurst bei New York gegen einen Haltemasten und ging in Flammen auf. In wenigen Minuten fanden 36 Menschen den Tod.

Mit dem Unglück von Lakehurst geht die große Epoche der Luftschiffahrt zu Ende. Der Niedergang der Luftschiffe war jedoch bereits vorgezeichnet, und zwar aus Gründen mangelnder Sicherheit, und wegen der rasch voranschreitenden Flugzeugtechnik.
Im Flugzeugbau waren nämlich gewaltige Fortschritte erzielt worden. Von den kleinen Flugzeugen der Zeit nach dem Ersten Weltkrieg, die nur ein oder zwei Personen in offenen Sitzen über kurze Strecken befördern konnten, war man über die großen Wasserflugzeuge zu dreimotorigen Maschinen mit Fahrgestell und geschlossener Kabine gekommen. Diese Flugzeuge konnten 20 oder mehr Personen über Tau-

Die brennende »Hindenburg« wenige Augenblicke nachdem sie gegen den Anlegemasten gestoßen war. Das Luftschiff brannte in weniger als fünf Minuten vollständig aus.

sende von Kilometern transportieren, über den Atlantik fliegen und auf immer besser ausgerüsteten Flughäfen starten und landen.

Was geschah dann bei Ausbruch des Zweiten Weltkrieges? Der Konkurrent des Luftschiffes, das Flugzeug, wurde rasch weiterentwickelt, da es sich als ein wichtiges Kriegsgerät erwies; das Luftschiff hingegen war für den militärischen Einsatz unbrauchbar geworden.

Man verwendete Zeppeline nur noch gelegentlich als Begleitfahrzeuge bei Schiffskonvois, für die Luftaufklärung im U-Boot-Kampf oder als Träger langer Metallkabel von der Erde oder von Schiffen aus, um den Angriff niedrig fliegender Feindflugzeuge zu verhindern, die sich an den Metallkabeln die Flügel beschädigt hätten.

Fesselballons über einem Strand.

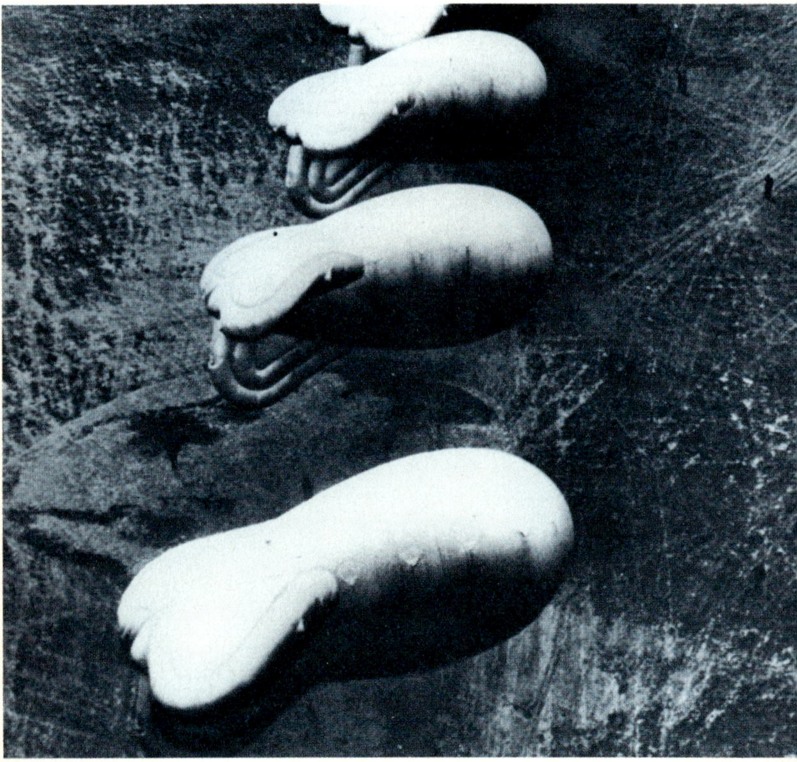

Luftschiffe und Ballons in der wissenschaftlichen Forschung

Obwohl das Luftschiff als Verkehrsmittel über lange Strecken durch das Flugzeug ersetzt wurde, verlor es nicht vollkommen an Bedeutung. So wurde ihm besonders durch die Forschung eine wichtige Rolle zugewiesen. Besonders bei der Erforschung der höheren Luftschichten und bei systematischen metereologischen Untersuchungen kamen Ballons und Luftschiffe zum Einsatz.

Die Erforschung der höheren Luftschichten

Bis zur Verwendung von Raketen konnte man die höheren Luftschichten lediglich durch den Einsatz von Ballons erforschen, da die Luft ab einer gewissen Höhe zu dünn ist, um ein Flugzeug zu tragen oder um dem Propeller Widerstand zu bieten.

Die Erforschung der höheren Schichten der Atmosphäre begann bereits etwa 10 Jahre nach dem Bau der ersten Ballons. Der französische Chemiker und Physiker Gay-Lussac stieg 1804 auf 7000 Meter und brachte mehrere Luftproben aus verschiedenen Höhenlagen zurück. Er stellte anschließend fest, daß die chemische Zusammensetzung der Luft jeweils jener direkt über dem Erdboden gleicht.
Erst 1875 stieg ein Ballon über 8000 Meter, jener Grenze, über die hinaus die Sauerstoffkonzentration in der Luft nicht mehr zur Atmung ausreicht. Die drei Mann Besatzung dieses Ballons hatten Behälter mit Stickstoff und Sauerstoff mitgenommen, um atmen zu können, doch starben trotzdem zwei von ihnen den Hö-

Ein zeitgenössischer Stich zeigt die drei Ballonflieger, die als erste die 8000-Meter-Grenze überschritten. Zum Atmen hatten sie Sauerstoff und Stickstoff in Druckbehältern mitgenommen.

hentod, nachdem sie etwa 8600 Meter erreicht hatten. Erst 1901 wurde die 10.000-Meter-Marke überschritten, und 1902 entdeckte der französische Wissenschaftler Teisserenc de Bort die *Stratosphäre*. Er fand heraus, daß die Lufttemperatur bis zu 11.000 Metern ständig sinkt, während sie dann konstant bleibt. Da die Temperaturunterschiede unter 11.000 Metern der Hauptgrund für das Zustandekommen auf- und absteigender Luftströmungen sind, die zur Wolkenbildung und Wetteränderungen führen, schlug er vor, diese Zone (also von 0 bis 10 km Höhe etwa) *Troposphäre* zu nennen, *die Sphäre der Umwälzungen, der Veränderungen.*

Die darüberliegende Schicht schien dem französischen Wissenschaftler in der Temperatur konstant zu sein; er nannte sie *Stratosphäre* (Schichtsphäre). Heute wissen wir, daß die Temperatur in der Stratosphäre nicht gleichbleibend ist oder zumindest nur in einer Höhe zwischen 11 und 20 km; daraufhin steigt sie von etwa minus 55 Grad Celsius auf etwas über 0 Grad bei etwa 50 km Höhe.

Dieser Temperaturanstieg ergibt sich daraus, daß in der Stratosphäre ab einer Höhe von etwa 20 km *Ozonpartikel* vorhanden sind. Ozon ist eine besondere Form des Sauerstoffs, das sich anstatt aus 2 aus 3 Atomen zusammensetzt.

Das Ozon absorbiert einen Großteil der ultravioletten Sonnenstrahlen und wandelt diese Strahlung in Wärme um; dabei wird die Erde gleichzeitig vor zu intensiver ultravioletter Strahlung geschützt, die für jegliche Lebensform auf der Erde tödlich wäre.

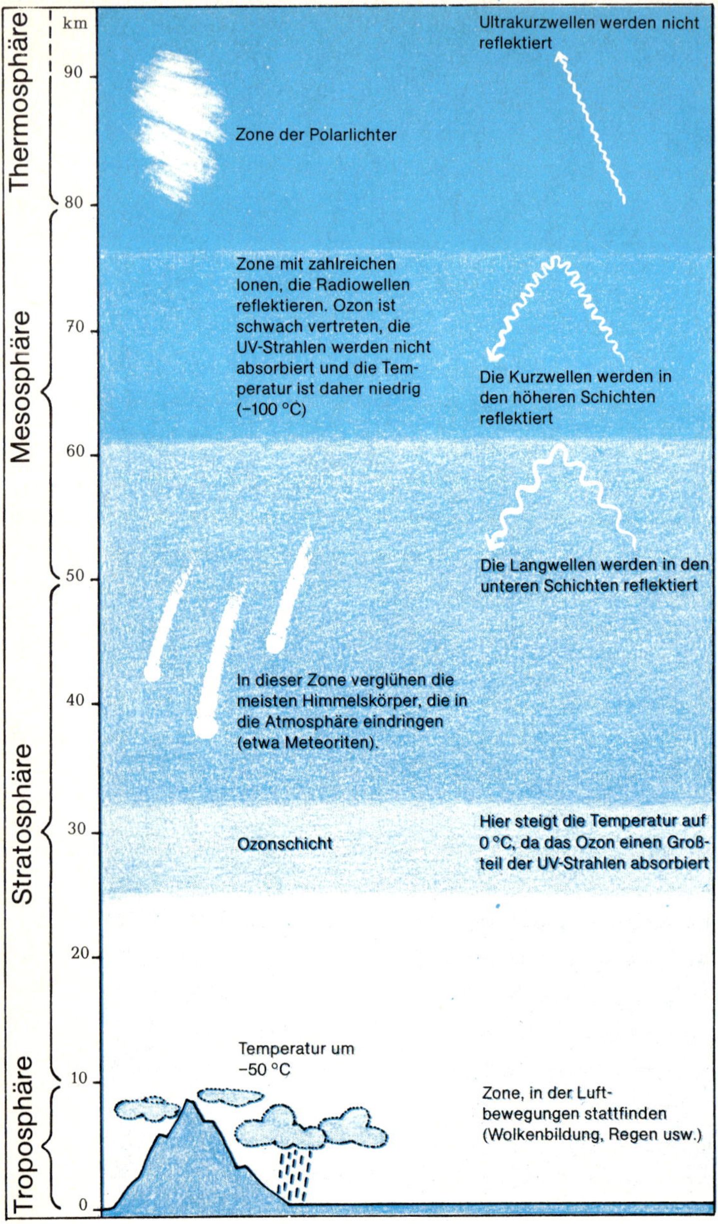
Thermosphäre
Mesosphäre
Stratosphäre
Troposphäre
km
90
80
70
60
50
40
30
20
10
0
Ultrakurzwellen werden nicht reflektiert
Zone der Polarlichter
Zone mit zahlreichen Ionen, die Radiowellen reflektieren. Ozon ist schwach vertreten, die UV-Strahlen werden nicht absorbiert und die Temperatur ist daher niedrig (−100 °C)
Die Kurzwellen werden in den höheren Schichten reflektiert
Die Langwellen werden in den unteren Schichten reflektiert
In dieser Zone verglühen die meisten Himmelskörper, die in die Atmosphäre eindringen (etwa Meteoriten).
Ozonschicht
Hier steigt die Temperatur auf 0 °C, da das Ozon einen Großteil der UV-Strahlen absorbiert
Temperatur um −50 °C
Zone, in der Luftbewegungen stattfinden (Wolkenbildung, Regen usw.)

Teisserenc de Bort studierte die unteren Schichten der Stratosphäre durch den Einsatz von Ballons, die wissenschaftliche Instrumente in die Höhe trugen und dann platzten, da sich der Wasserstoff wegen mangelndem Außendruck zu sehr ausdehnte.
Als erster Mensch drang der Schweizer Wissenschaftler Piccard 1931 mit einem Ballon tiefer in die Stratosphäre ein.*
Um der Kälte zu widerstehen und genügend Atemluft zur Verfügung zu haben, ließ Auguste Piccard eine luftdichte Gondel bauen. Die Gondel wurde von einem Ballon getragen, der beim Start nur ein Zehntel jener Gasmenge enthielt, die die Hülle fassen konnte. Zum Abflug reichte es, und Piccard konnte starten, ohne befürchten zu müssen, daß sich das allmählich durch abnehmenden Außendruck in größerer Höhe ausdehnende Gas den Ballon zum Platzen bringen würde.
Mit Ingenieur Kipfer erreichte der Schweizer Forscher eine Höhe von 16.000 Meter (ein kurzer Auszug aus ihrem Bericht ist im Anhang wiedergegeben). Als auf dieser Höhe die Ventilleine riß, mußten die beiden Männer zunächst einige Stunden in der Schwebe bleiben, bis die Sonne hinter dem Horizont verschwand und sich das Gas im Ballon abkühlte und an Volumen verlor, worauf sie allmählich sanken und heil auf ei-

---

*) Piccard ist nicht nur für seine Forschungen in großer Höhe, sondern auch für jene in großer Tiefe unter dem Meeresspiegel bekannt. So entwickelte er ein Tiefseetauchboot, mit dem er über 10.000 Meter tief tauchte. Einige der Probleme, denen er sich in großer Höhe und großer Tiefe gegenübersah, sind analog: Wie paßt man sich dem großen Druck an, wie steigt und sinkt man, wie steuert man das Fahrzeug von einer Druckkabine aus, usw.

nem Gletscher bei Obergurgl im Ötztal/Österreich landeten.
Diese frühe Forschungstätigkeit war von großer Bedeutung, da sie die Kenntnisse über die Stratosphäre erweiterte und die Grundlage für den Einsatz weiterer Ballons bzw. in späterer Zeit von Raketen und Satelliten bot.
Die Entdeckung von Ozon in der Stratosphäre führte beispielsweise zur Suche nach neuen Materialien für die Ballonherstellung, da man wußte, daß Ozon Gummi angreift –, eine Tatsache, die für die Besatzungen von Stratosphärenballons hätte gefährlich werden können.
Man ging deshalb dazu über, Ballons aus Polyäthylen zu konstruieren, einem leichten, widerstandsfähigen und luftdichten Kunststoff. Mit Ballons dieser Art waren Flüge über 30.000 m möglich. Man konnte daher neue Daten über die Luftdichte und -zusammensetzung gewinnen, über die Temperaturverhältnisse und über die Sonnenstrahlung, die nicht zur Erde gelangt, da sie von der Atmosphäre absorbiert wird. Alle diese Informationen waren für die späteren Satellitenflüge grundlegend und hätten wohl schwerlich mittels Raketen gewonnen werden können, da diese zu rasch fliegen und zu kurze Zeit in einer bestimmten Höhenlage verweilen. Die Forschungstätigkeit durch Ballons hat also den Weg für den Weltraumflug geebnet.
Aus einem Stratosphärenballon, der eine Höhe von 33 km erreichte, sprang 1960 der amerikanische Hauptmann Kittinger mit einem Fallschirm ab, wobei er einen Druckanzug trug. Ziel dieses Experiments war es, die Frage der Rückkehr zur Erde bei künftigen Weltraumflügen zu beleuchten.
Der Einsatz solcher Ballons kann auch in anderem

Auf einem Flugzeugträger wird der Start eines Stratosphärenballons vorbereitet. Das Volumen des im Ballon enthaltenen Gases ist sehr gering. Je weiter der Ballon allerdings ansteigt, desto mehr dehnt sich das Gas aus, bis der Ballon prall gefüllt ist. Obwohl das Schiff in Fahrt ist, steht der Ballon senkrecht in der Luft. Das kommt daher, daß der Flugzeugträger in der gleichen Richtung und mit der selben Geschwindigkeit wie der Wind fährt, um dessen sonst störenden Einfluß auf den Abflug eines so großen Ballons nicht zur Geltung kommen zu lassen.

Sinne für die Raumfahrt von Nutzen sein, da man Raumschiffe auf 30.000 m Höhe emporheben und von dort starten kann, so daß die erste Stufe einer Trägerrakete (meist die kostspieligste) überflüssig wird.

Die Erforschung der Winde in großer Höhe

Auch wenn man die Eigenschaften der Troposphäre und der Stratosphäre schon ziemlich genau kennt, werden weiterhin Ballons zu wissenschaftlichen Zwecken eingesetzt.
So läßt man täglich Ballons mit Meßinstrumenten an Bord aufsteigen, die bei der Erstellung von Wetterkarten und bei der metereologischen Datengewinnung unentbehrlich sind. Auch werden Ballons zur Bestimmung der Windrichtung in verschiedenen Höhenlagen benutzt, was für den Flugverkehr auf vielbeflogenen Routen und in der Umgebung von Flughäfen von größter Bedeutung ist.
Es ist bereits seit langem bekannt, daß ein frei steigender Ballon eine mehr oder weniger konstante Geschwindigkeit einhält, d.h. er durchquert in gleichen Zeiträumen gleiche Strecken. Verfolgt man also einen aufsteigenden Ballon mit optischen Instrumenten oder entsprechenden elektronischen Geräten, kann man seine jeweilige Position nach jeder festgelegten Zeiteinheit (etwa einmal pro Minute) bestimmen und daraus Richtung und Stärke der Winde ableiten, auf die der Ballon trifft.
Mit metereologischen Ballons dieser Art konnte man auch die Eigenschaften von äußerst heftigen Winden studieren, die in gewisser Höhe nur über bestimmten Erdgebieten vorkommen. Von solchen Winden wußte man überhaupt nichts, bevor man nicht während des Zweiten Weltkrieges feststellte, daß sehr hoch fliegende Flugzeuge nicht die Ziele erreichten, die man vorher berechnet hatte, d.h. wohl abgetrieben worden waren.
Wie man dann feststellte, wehen diese Winde von Westen nach Osten, und zwar über den gemäßigten

Einer der Ballons, die zum Studium der Vogelwanderung eingesetzt werden. In einigen tausend Metern Höhe öffnet sich der unten angebrachte kleine Käfig und läßt einen Vogel frei, an dessen Fuß ein Sender festgemacht ist (den das Tier übrigens nach etwa zwei Tagen leicht abstreifen kann). Anhand der vom Sender ausgesendeten Impulse kann man die Ortsveränderungen des Vogels verfolgen, um festzustellen, wie er sich in Höhen orientiert, in denen er sich zur Standortbestimmung nicht an das Landschaftsbild halten kann.

Zonen in einer Höhe von über vier bis fünf Kilometern und mit einer Geschwindigkeit von bis zu 500 km/h. Sie wehen konstant und nicht in Stößen, so

daß man ihrer in einem Flugzeug, das in ihre Strömung gerät, nicht gewahr wird, es sei denn, man kann sich irgendwie am Erdboden orientieren. Allerdings können diese Winde die Flugzeit um mehrere Stunden verlängern, wenn ein Flugzeug gegen ihre Gewalt ankämpfen muß. Fliegt es hingegen in der Windrichtung, ergibt sich eine erhebliche Zeit- und Treibstoffersparnis.
Ein genaues Studium der Winde und ihrer Richtungen ist daher von großem Nutzen, und die Ballons können dem Menschen auch in diesem Sinne von bedeutsamem Nutzen sein.

Freiballon und Luftschiff haben auch heute noch ihren Reiz

Auch wenn der Freiballon und das Luftschiff heute nur mehr zu wissenschaftlichen Zwecken verwendet werden und nicht mehr zum Personenverkehr, haben sie für viele ihren Reiz bewahrt wie bestimmte ältere Abenteuerromane. Wie kommt das wohl? Der Ballonfahrer setzt, wie der Segler, gewissen Naturkräften (so der Anziehungskraft der Erde, den Winden usw.) in intelligenter Weise nur andere Naturkräfte entgegen (so die Auftriebskraft eines leichten Gases, günstige Winde, Ballast usw.), wenn er sich in seinem Ballon oder seinem Segelboot auf den Weg macht. Er befindet sich also in einer naturnäheren Situation als sonst im Leben. Auch stellt der Ballon, wie das Segelschiff, ein umweltfreundlicheres Transportmittel dar als motorgetriebene Vehikel.
Wie kommt es daher, daß sich Segeln als Sport in den Industrieländern erhalten hat, nicht aber das Ballonfliegen?

Ein Luftschiff der amerikanischen Marine überfliegt den Hafen von New York. Die Luftschiffe werden häufig zur Küstenüberwachung eingesetzt.

Die Antwort ist ziemlich einfach: Unsere »komplizierte« Zivilisation hat den Ballonfahrern keinen Raum mehr gelassen. Über dem Erdboden ziehen sich, auch in Gebirgsregionen, Stromleitungen hin, die schlecht sichtbar sind und daher bei Nebel oder Dunkelheit für

den Ballonfahrer eine Gefahr darstellen. Andererseits sind die Siedlungen immer zahlreicher geworden, die von einem verunglückten Ballon entzündet werden könnten. Der Luftraum ist streng in Flugwege (Flugkorridore) eingeteilt worden, um den reibungslosen Ablauf des Flugzeugverkehrs zu ermöglichen, und auch die Flugzeiten sind reglementiert. Ein sicherer Flugzeugverkehr ist aber unvereinbar mit der Anwesenheit von Tausenden von umherfliegenden Ballons, die, vom Wind herumgetrieben, in die Flugkorridore eindringen könnten. Schließlich kann ein Ballon im Gegensatz zu einem Boot nicht zum Startplatz zurückkehren, es sei denn, der Wind änderte durch einen glücklichen (aber leider kaum vorauszusehenden) Umstand seine Richtung und trüge den Ballon zum Ausgangspunkt seiner Reise zurück.
Trotz allem werden in gewissen Zeitabständen in geeigneten Gebieten Ballonflug-Wettbewerbe veranstaltet, bei denen die Ballonfahrer versuchen müssen, so weit wie möglich zu fliegen oder aber so nahe wie möglich an einem festgelegten Punkt zu landen.

Zeugnisse und Dokumente

Ein Aufstieg mit dem Ballon

Ein Aufstieg mit dem Ballon, besonders ein erster Alleinflug, stellte ein ungewöhnliches Erlebnis dar und war voll unerwarteter Überraschungen. Auf den folgenden Seiten beschreibt der große russische Schriftsteller Leo Tolstoi ein solches Erlebnis.

Eine große Menschenmenge war zusammengekommen, um mir beim Abflug zuzusehen. Der Ballon war bereit und bewegte sich leicht im Wind, ja manchmal schien es, als versuche er, sich von den vier Halteleinen loszureißen. Die Hülle zeigte sich manchmal faltig und dann wieder prall gerundet. Ich begrüßte indessen Freunde und Angehörige, stieg dann in die Gondel und rief, nachdem ich mich vergewissert hatte, daß alles an seinem Platz war:
»Leinen los!«
Die Halteleinen wurden durchschnitten und der Ballon hob ab, zunächst nur langsam; doch dann schien es, als reiße er sich von der Erde los, und er stieg rasch auf. Die Gondel ächzte und schaukelte wie ein Schiff.
Unter mir klatschten die Zuschauer in die Hände, riefen laut durcheinander und schwenkten Tücher und Hüte. Auch ich nahm grüßend die Mütze ab, und bevor ich sie wieder aufsetzen konnte, war ich bereits so weit aufgestiegen, daß ich die Menschen auf dem Erdboden nur noch mit Mühe unterscheiden konnte.

Der Start eines Freiballons stellte ein Schauspiel dar, das viele Menschen aufmerksam beobachteten.

Die Geräusche der Stadt nahm ich bereits sehr undeutlich wahr; die Menschen unter mir schienen zu summen wie Bienen. Die Straßen, die Häuser, der Fluß wirkten wie auf Leinwand gemalt, und ich kam mir vor Freude wie der Herrscher über diese Stadt und ihre Einwohner vor. Ich stieg rasch auf. Nur die Tragleinen an der Gondel bewegten sich. Ein plötzlicher Windstoß warf mich zweimal zu Boden. Dann konnte ich nicht mehr unterscheiden, ob der Ballon weiter aufstieg oder regungslos in der Luft verharrte. Lediglich daran, daß die Stadt immer kleiner zu werden schien und ich sie von immer größerer Entfernung aus sah, erkannte ich, daß ich im Aufstieg begriffen war.
Die Erde unter mir schien anzuschwellen. Sie weitete sich aus, und plötzlich war mir, als nehme sie die Form eines Pokals an: Die Ränder waren aufgebogen und die Stadt befand sich auf seinem Boden.
Ich wurde immer heiterer, atmete frei und verspürte Lust zu singen. Als ich jedoch ein Liedchen anstimmte, klang meine Stimme so schwach, daß ich erstaunt und erschrocken innehielt.
Die Sonne stand noch hoch am Himmel, doch breitete sich gegen Westen eine große Wolke aus, die sie plötzlich verdeckte. Ich verspürte erneut Angst und nahm, um mich irgendwie abzulenken, das Barometer zur Hand: Es zeigte mehr als 4000 Meter Höhe an.
Als ich das Gerät wieder an seinen Platz zurücklegte, regte sich etwas neben mir, und ich sah die Taube, die ich in der Absicht mitgenommen hatte, sie mit einer schriftlichen Nachricht versehen freizulassen.
Ich schrieb auf einen Zettel, daß ich am Leben sei und mich in einer Höhe von über 4000 Metern wohlfühle; das Papierstück brachte ich dann am Hals des Vogels an, der am Rande der Gondel gehockt und mich mit seinen roten Augen angeblickt hatte.
Seine Federn zitterten, als ich ihn in die Hand nahm. Ich beugte mich leicht über den Rand der Gondel und ließ ihn frei. Er schlug heftig mit den Flügeln, legte sich dann auf eine Seite und fiel wie ein Stein zur Erde hinab.
Ich blickte erneut auf das Barometer und stellte fest, daß ich mich in einer Höhe von über 5000 Metern befand. Ich spürte, wie mir der Atem knapp wurde und ich immer angestrengter Luft holen mußte.

Um an Höhe zu verlieren, zog ich an der Ventilleine, um Gas abzulassen. Sei es jedoch, weil ich zu schwach war, sei es, weil ein Defekt aufgetreten war – das Ventil ließ sich nicht öffnen.
»Wenn ich den Aufstieg des Ballons nicht stoppen kann, platzt er, und ich bin verloren«, dachte ich.
Um festzustellen, ob der Ballon weiter an Höhe gewann, warf ich einige Papierfetzen aus der Gondel: sie sanken rasch hinab, und ich mußte daraus schließen, daß ich weiter stieg, schnell wie ein Pfeil. Ich zog daraufhin nochmals mit aller Gewalt an der Ventilleine, und, gottlob, das Ventil gab nach, und ich hörte das Pfeifen des entweichenden Gases.
Ich warf erneut Papierschnitzel aus der Gondel: Sie flatterten zunächst um mich her und stiegen dann in die Höhe – folglich verlor der Ballon an Höhe.
Unter mir nichts außer einem Nebelmeer. Ich sank durch den Nebel und bald war die Sonne wieder zu sehen.
Endlich erblickte ich wieder die Erde als Pokal. Unter mir befand sich jedoch nicht meine Heimatstadt, sondern ein Wald und zwei blaue Streifen, zwei Flüsse. Dieser Anblick gab mir wieder Mut, und ich hatte nicht mehr die Absicht, weiter zu sinken.
Da merkte ich, daß der Ballon wie ein Stein hinabfiel. Ich warf Ballast ab, um den Abstieg zu verlangsamen.
Bald konnte ich die Felder, einen Wald und daneben ein Dorf erkennen. Eine Viehherde bewegte sich auf das Dorf zu, und ich vernahm die Stimmen der Tiere und Menschen.
Mein Ballon sank langsam hinab. Einige Personen sahen ihn, und ich rief ihnen zu.
Sie liefen herbei, ich warf einige Leinen aus und sah, wie ein Junge als erster ein Ende erwischte. Dann packten andere an und machten den Ballon an einem Baum fest, so daß ich aus der Gondel steigen konnte.
Mein Flug hatte nur drei Stunden gedauert, und doch befand ich mich in einer Entfernung von 250 km von meiner Heimatstadt.

L. Tolstoj
(aus dem Italienischen: »Un'ascensione col ballone«)

Mit dem Ballon über die sturmgepeitschte See

Der Freiballon kommt häufig in Abenteuerromanen vor, sei es, weil seine Erwähnung es ermöglicht, erhöhte Spannung in die Erzählung zu bringen, da immer wieder auf technische Details Bezug genommen werden kann und manchmal rasche und dramatische Entscheidungen bei der Steuerung eines Ballons anfallen; sei es, weil dieses Fahrzeug den Charakter des Unvorhersehbaren und Mysteriösen besitzt, da man als Ballonfahrer den Winden sozusagen ausgeliefert ist und sie einen zu entfernten und unbekannten Ländern tragen können.

»Geht's wieder hinauf?«
»Im Gegenteil, hinunter!«
»Wir stürzen ab, Herr Smith!«
»Gott, den Ballast raus!«
»Der letzte Sack ist auch schon leer.«
»Steigt der Ballon?«
»Nein!«
»Da plätschert doch was!«
»Unter der Gondel ist die See!«
»Keine 150 m unter uns!«
Auf einmal hörte man mit Donnerstimme rufen:
»Alles, was nicht niet- und nagelfest ist, hinaus und hinunter! Und dann gnade ...«

Vor dem Start wird der vom Wind hin- und hergerissene Ballon mit Halteleinen am Boden vertäut.

Die Worte verklangen am 23. März 1865 gegen 16 Uhr in der Luft über der Wasserwüste des Pazifik.
Kaum jemand dürfte wohl jenen katastrophalen Nordoststurm vergessen haben, der um die Tagundnachtgleiche herum losbrach und das Barometer auf 710 mm hinunterdrückte. Er fegte ohne Unterbrechung vom 18. bis 24. März in einer Breite von 3000 km schräg zum Äquator und hinterließ seine Spuren vom 35.° nördlicher bis zum 40.° südlicher Breite. Ganze Städte wurden dem Erdboden gleichgemacht, Wälder entwurzelt, die Sturmflut zerstörte die Ufer und verschluckte so viele Schiffe, daß man im Büro *Veritas* nur noch nach Hunderten zählte. Tornados ebneten weite Landstriche ein, Tausende von Menschen kamen zu Land und zu Wasser um. Die Zahl der Opfer übertraf bei weitem die der Katastrophen von Havanna am 25. Oktober 1810 und von Guadeloupe am 26. Juli 1826.
Innerhalb der großen Katastrophe rollte ein kleineres, aber nicht weniger aufregendes Drama ab. Wie ein Spielball tanzte ein Ballon an der Spitze einer Trombe, drehte sich immerfort um sich selbst und trieb mit einer Geschwindigkeit von 165 km/h durch die Luft. Die Gondel schaukelte mit ihren fünf Insassen hin und her, fast verdeckt von dem dichten, feuchtigkeitsgesättigten Nebel, der über dem Ozean brodelte.
Woher kam dieser Ballon, wo war er gestartet? Während des Orkans war er sicherlich nicht aufgestiegen, und wenn der Sturm am 18. März begonnen hatte und den Ballon in 24 Std. 3500 km vor sich hertrieb, dann mußte das Luftschiff ziemlich weit gefahren sein. Die Passagiere besaßen nicht nur keinen Geschwindigkeitsmesser, sondern spürten auch nicht das mindeste von dem Sturm, der sie entführte. Seelenruhig fuhren sie dahin und bemerkten weder etwas von der Drehung noch von der Fortbewegung ihres Ballons, da die dicken Nebelschwaden jede Sicht nahmen, so daß sie nicht einmal Tag und Nacht voneinander unterscheiden konnten. In größerer Höhe sahen sie nirgends einen Lichtreflex, hörten keinen Laut von bewohntem Land und kein Geräusch von der tobenden See.
Nachdem sämtliche Gegenstände von nennenswertem Gewicht, Waffen, Munition und Nahrungsmittel, über Bord gegangen waren, kletterte der Ballon wieder auf 1500 m. Im Interesse ihrer Sicherheit hatten die Insassen auch die

nützlichsten Habseligkeiten geopfert und hüteten nun ängstlich jedes Atom des Gases, das sie vor dem Sturz in die Tiefe bewahrte.
Es verstrich eine unruhige, quälende Nacht. Am Tag flaute der Orkan nach und nach ab. Mit der Morgendämmerung des 24. März zogen sich die dünner gewordenen Wolkenmassen auseinander, und nach wenigen Stunden brach die Windhose in sich zusammen. Der Sturm blies nur noch mit halber Kraft, in der Seemannssprache hätte man ihn als »Dreireff-Brise« klassifiziert.
Gegen 11 Uhr hatten sich die unteren Luftschichten merklich aufgehellt, ja der Himmel schien so glasklar, wie man es manchmal nach Meteor-Einschlägen beobachtet. Weiter nach Westen drang der Orkan nicht mehr vor, er löste sich in sich selber auf und verwehte. Auf die Windhose folgte wahrscheinlich eine Serie elektrischer Felder, wie man sie von den Taifunen des Indischen Ozeans kennt.
Gleichzeitig verlor der Ballon immer mehr an Höhe, und es schien, als würde aus der Ballonkugel allmählich ein Ei. Der ausgesprochene Höhenballon mit seinem Volumen von 1800 m^3 glitt nur noch knapp 700 m über dem Ozean. Die Insassen warfen jetzt bis auf den Inhalt ihrer Hosentaschen alles über Bord. Einer von ihnen stieg bis zu dem Ring hinauf, an dem die Seile des Ballonnetzes zusammenlaufen, und bemühte sich, die Gondel so kräftig wie möglich festzuzurren. Aber der Ballon hatte bereits zuviel Gas verloren, und die Passagiere konnten trotz aller Anstrengungen keine Höhe mehr halten.
Das Ende stand bevor. Kein Land, keine Insel zeichnete sich im weiten Umkreis ab. Obwohl die Passagiere von ihrer Höhe aus 70 km weit sehen konnten, erblickten sie nur den vom Sturm aufgepeitschten Ozean, eine wilde, unendliche Jagd von Wellen, auf deren Rücken Schaumkronen tanzten.
Während der Ballon weiter von Nordosten nach Südwesten trieb, erschlaffte seine Hülle immer mehr, das Gas schien immer schneller auszuströmen. Bald war er bis auf 200 m über dem Meer gefallen. Falls bis zum Eintritt der Nacht kein Landeplatz auftauchte, dann war das Luftschiff mit Mann und Maus verloren. Die Insassen sahen der Gefahr gefaßt und gleichmütig entgegen. Um 14 Uhr schwebte der Ballon nur noch knapp 70 m über den Wogen.

»Ist schon alles raus?« rief eine energische Stimme.
»Nein, wir haben immer noch die 10 000 Goldfrancs«, antwortete eine andere nicht weniger entschlossen.
Ein prallgefüllter Sack plumpste ins Meer.
»Steigt der Ballon?«
»Er wird wohl gleich wieder fallen.«
»Ist nichts mehr zum Abwerfen da?«
»Nichts.«
»Die Gondel! Alle Mann ins Netz und die Gondel in die See!«
Kaum waren die Leinen zwischen Gondel und Ring gekappt, da schnellte der Ballon 700 m hoch, während sich die Passagiere an den Maschen des Netzes festhielten. Ein Ballon reagiert bekanntlich sehr empfindlich auf jede Gewichtsveränderung und ist in gewissem Sinn eine Waage von mathematischer Genauigkeit. Die geringste Entlastung wirkt sich sofort auf die Flughöhe aus. Da das Gas aber ständig durch ein nicht mehr zu schließendes Leck entwich, sank der Ballon langsam, aber unhaltbar, nachdem er ein paarmal auf und ab gefedert war.
Als er gegen 16 Uhr nur noch 130 m über den Wellen dahintrieb, bellte plötzlich der Hund, den die Passagiere mitgenommen hatten und der sich nun wie sie am Netz festkrallte.
»Top hat etwas entdeckt!« rief einer.
»Land!«
Genau in ihrer Flugbahn ragte etwa 50 km entfernt ein schroffes Landstück aus dem Meer. Falls der Ballon nicht abtrieb und noch genügend Tragkraft behielt, konnten sie in einer Stunde dort sein. Keiner wußte, ob dieser Streifen eine Insel war oder zu einem Kontinent gehörte, ob er bewohnt war oder nicht; die Passagiere waren sich nicht einmal über die Himmelsrichtung im klaren, in die sie der Orkan getrieben hatte. Jetzt fesselte sie nur noch ein Gedanke: das Land um jeden Preis zu erreichen.

Jules Verne

(S. 7–9, »Die geheimnisvolle Insel«; mit freundl. Genehmigung des Bärmeier & Nikel Verlages, Frankfurt/Main)

Tödliche Heiterkeit

Am 15. April 1875 startet Gaston Tissandier mit zwei Wissenschaftlern an Bord des Ballons »Zenit« zu einem Höhenrekordversuch. Man hat ein Atmungsgerät an Bord, um in dieser Höhe überleben zu können. Der Ballon steigt rasch auf 8000 m Höhe. Erste Symptome des Höhenrausches – Albernheit, Schwindel, Selbstüberschätzung – treten auf. Der Auszug schildert die dramatische Endphase des Versuches.

»Viva la France!« brüllt Sivel aus seinen Decken.
Tissandier greift nach der Sauerstoffflasche. Er spürt stechende Schmerzen im Ohr. Er kann nicht verstehen, daß Crocé-Spinelli und Sivel den Kopf voller Unsinn haben und bei bestem Wohlbefinden zu sein scheinen. Ihm selbst fällt das Atmen schwer. Er spürt, wie sich das Blut in seinen Adern staut und die Kälte ihm Hände und Füße verdorren läßt. Er angelt sich den Schlauch der Sauerstofflasche, versucht daran zu saugen.
»Vive la France!« hört er Sivel rufen. Es klingt wie durch einen Wall aus Watte. Vor seinen Augen tanzen leuchtende Kreise, in seinen Ohren ertönt ein an- und abschwellendes Klingen. »Ich muß mich zusammenreißen«, denkt er verzweifelt. »Ich darf nicht schlappmachen! Die anderen schaffen es doch auch!«
Dann sinkt er zusammen. Stille. Der Ballon mit den hilflosen, höhenkranken Menschen schnellt unentwegt in die Höhe, findet endlich sein statisches Gleichgewicht, verliert durch Abkühlung an Auftriebskraft, gerät in absteigende Luftmassen, beginnt zu sinken, zu fallen, zu stürzen...
In Tissandiers Unterbewußtsein dringt das Pfeifen des ra-

senden Absturzes, das Gefühl einer schrecklichen Gefahr bringt ihn zu sich. Er reißt die Augen auf und starrt in ein undurchdringliches Dunkel. Verstört tastet er nach seinen Augen, fühlt an den Wimpern. Seine Augen sind offen. Es kann doch unmöglich stockfinstere Nacht sein!
Er reißt seine Uhr aus der Tasche, schlägt das Glas gegen eine Kante, fühlt Splitter an den Fingern. Die Zeiger! denkt er fieberhaft, zwingt sich zur Ruhe, versucht behutsam über die Zeiger hinwegzutasten. Es gelingt ihm nicht, denn ein dringlicherer Gedanke blitzt in seinem Gehirn auf: Ballast! Ich muß Ballast abwerfen! »Erst die Uhrzeit, schnell, schnell«, ruft er sich selbst zu, gewinnt Vertrauen aus dem Klang seiner eigenen Stimme. Halt, hier ist das Rädchen zum Aufziehen, ich muß die Uhr herumdrehen! Ist das der kleine Zeiger? Er zeigt nach rechts, irgendwo zwischen 12 und 6. Es ist heller Tag! Dann erfaßt er, was geschehen ist: Ich bin blind!
Er rappelt sich hoch, stößt an die Leiber seiner Gefährten, findet einen Sandsack. Er hievt ihn keuchend über die Bordwand, aber die Anstrengung läßt ihn erneut ohnmächtig werden.
Das Schreien Crocé-Spinellis reißt ihn wieder aus der Bewußtlosigkeit. Er versteht: »Ballast. Werft Ballast. . .!« Dann Stöhnen und dumpfes Gurgeln wie von Erbrechen.
Wieder sinkt Tissandier zusammen. Als er die Augen aufschlägt, sieht er dunkles Grau vor sich, aus dem sich neblig verschwommen, von vorüberflirrenden Schleiern verzerrt, die Gegenstände in der Gondel herausheben, die Umrisse seiner Kameraden. Er kriecht zu Sivel hinüber, tastet an seinem unter Decken verborgenen Körper herum, legt sein Gesicht frei. »Sivel!« schreit er dem Gefährten ins Ohr. Schwer liegt der Kopf des Freundes in seiner Hand. Er spürt etwas Feuchtes über seine Finger rinnen, reißt gewaltsam die Augen auf. Sivels Gesicht ist schwärzlich verquollen, blasiges Blut rinnt ihm aus dem Mundwinkel, seine Augen, weit aufgerissen, starren ins Leere. Die Augen eines Toten. Entsetzt läßt Tissandier den Freund los.

Das aus der Ferne gesichtete Land, auf dem der fast leere Ballon niedergeht, ist die »geheimnisvolle Insel« die, von Wäldern dicht überwachsen, auf keiner Landkarte verzeichnet ist und wo die Luftfahrer ungewöhnliche Abenteuer erleben.

NORGE

Tissandier kriecht zu Crocé-Spinelli hinüber, rüttelt den unbeweglichen Körper, läßt ihn erschrocken los. Dumpf schlägt Spinellis Leib gegen die Gondelwand. Tot ...
Ballast! Er kriecht auf allen vieren in der Gondel herum, stößt an die Leichen, tapst nach Säcken. Vergebens. Der Erdanker! Ich muß den schweren Erdanker abwerfen. Das ist die Rettung! Zugleich fühlt er, wie ihm in den tieferen Luftschichten die Kräfte zurückkommen. Auch sein Augenlicht wird besser. Er erblickt das Kabel, das den riesigen Anker an der Außenwand festhält, zugleich greift seine Hand nach dem Bordmesser, tastet ins Leere. Erschrocken reißt er den Kopf herum. Da hing doch das Messer!
Ein Blick über den Gondelrand sagt ihm, daß er nur noch wenige Minuten, vielleicht nur Sekunden Zeit hat. Schon sind Häuser, Brücken, Straßen zu unterscheiden. Wie ein Irrer taumelt er in der Gondel herum, stolpert über seine toten Gefährten, schmeißt alles, was seine Hände fassen können, sinnlos durcheinander. »Das Messer!« brüllt er. »Wo ist das Meser?«
Es ist und bleibt verschwunden. Ein neuer Blick in die Tiefe. Nur noch Sekunden! Da krallen sich seine Hände in das Ankerseil, fassen es links und rechts, seine Zähne beißen sich zwischen in dem spröden Hanf fest, reißen Fetzen Schnur heraus, Kopf, Schultern, der ganze Oberkörper schütteln und zerren mit wahnwitziger Anstrengung, weil das Material nicht nachgibt. Da, wenige Dutzend Meter über dem Erdboden, fassen seine Zähne den letzten Strang, sein Mund spuckt die Reste aus, seine Hände lassen die Enden los. Der Anker stürzt in die Tiefe.
Tissandier kauert sich zusammen, hält seine Arme schützend vor den Kopf, zieht die Beine an den Leib. Dann hört er das berstende Krachen der Gondel, das Platzen der Ballonhülle, die auf ihn fällt, und die Sinne schwinden ihm.
Aus den Trümmern werden die Leichen von Sivel und Crocé-Spinelli geborgen. Sie sind die ersten Opfer des Höhentods, dessen Symptome erst mit dem grausigen Aufstieg des »Zenit« bekannt wurden. Tissandier überlebt die Verletzungen. Selbst der Verlust des Gehörs hält ihn nicht davon ab, sich dem drängendsten Problem der damaligen Luftfahrt zuzuwenden: der Lenkbarmachung des Ballons.

(entnommen: Wolfgang Lochner, »Weltgeschichte der Luftfahrt«; S. 86–89; Arena Verlag, Würzburg, 1975)

Mit dem Luftschiff über den Nordpol

Der Amerikaner Ellsworth versuchte 1925, gemeinsam mit dem norwegischen Polarforscher Amundsen, den Nordpol mit zwei Wasserflugzeugen zu erreichen. Ein Motorenschaden zwang sie jedoch zur Landung auf einer kleinen Wasserfläche inmitten des Packeises. Ein Flugzeug mußten sie zurücklassen, und mit dem anderen gelang es unter großen Schwierigkeiten, zum Basislager auf Spitzbergen zurückzukehren. Die beiden Forscher gaben ihr Vorhaben jedoch nicht auf, den Nordpol auf dem Luftweg zu erreichen, ja sie überflogen schließlich das ganze arktische Eismeer. Über diese Expedition berichtet Ellsworth auf den folgenden Seiten.

Wir entschlossen uns, für unsere nächste Expedition ein Luftschiff zu verwenden. Es war dies eine Konstruktion der italienischen Aeronautikindustrie nach Plänen von Oberst Umberto Nobile und trug die Bezeichnung N-1. Wir nannten es »Norge«. Von halbstarrer Bauweise war das Fluggerät etwa 105 Meter lang und hatte eine Luftverdrängung von 20 Tonnen. Mit einer Treibstofflast von 7 Tonnen betrieben wir drei Motoren von jeweils 250 PS und hatten eine Reichweite von etwa 5300 km, was einer Flugdauer von insgesamt 70 Stunden bei einer Reisegeschwindigkeit von 75 km/h entsprach. Die »Norge« war mit einem Radiogoniometer (Winkelmesser für Funkpeilung) vom Typ Marconi ausgerüstet, das im Wellenbereich zwischen 900 und 1400 Metern arbeitete. Der Strom für den mit Röhren ausgestatten Sender erzeugte ein windbetriebener Generator, der eine Leistung von 3000 Volt lieferte.

Es dauerte einige Tage, bevor die »Norge« nach ihrer langen Reise von Italien nach Spitzbergen den Flug über das Eismeer fortsetzen konnte, da wir günstige Wetterverhältnisse abwarten mußten. Wir benötigten einen klaren Himmel mit guten Sichtverhältnissen, einen günstigen Wind, einen hohen Barometerstand und schließlich eine niedere Außentemperatur. Diese beiden letztgenannten Elemente beeinflussen die Steigfähigkeit eines Luftschiffes ganz besonders. Pro Grad Fahrenheit minus gewinnt das Luftschiff 36 kg an Tragfähigkeit, die bis zu 63 kg pro Viertel Millimeter zunehmenden Barometerdrucks ansteigt.
Die Gondel der »Norge« wirkte wie eine Lagerhalle, nach-

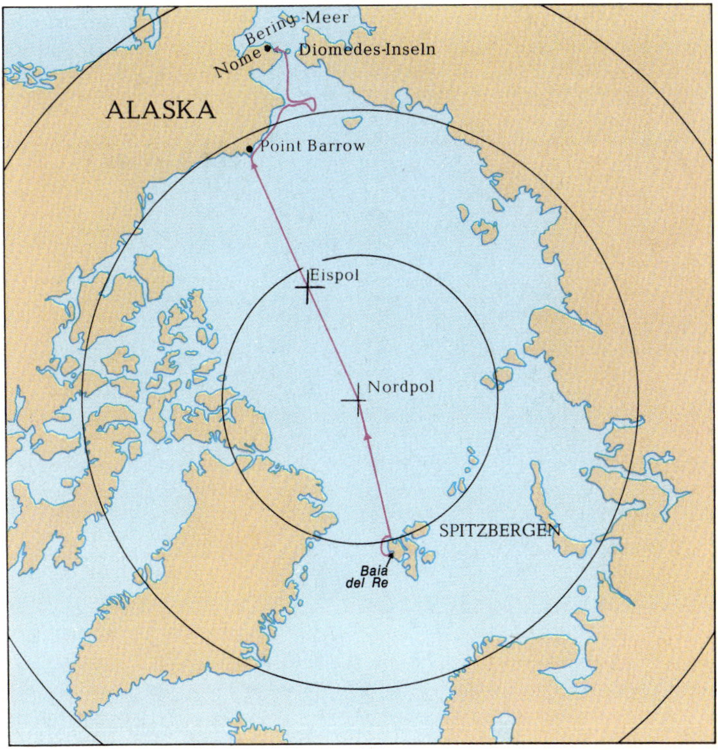

Die Flugroute des Luftschiffes »Norge« von Spitzbergen nach Alaska über das arktische Eismeer.

dem um 8.55 Uhr des 1. Mai 1926 alle Vorbereitungen für den Start getroffen worden waren. Die Ausrüstung umfaßte Zelte, Schlafsäcke, Ski, Schlittschuhe für die Nicht-Skifahrer, Karabiner und andere Waffen, Munition, einen Handschlitten sowie ein großes Kanu mit Stoffbespannung. Zwei Expeditionsteilnehmer, nämlich Amundsen und Wisting, kannten bereits den Südpol und fuhren nun mit uns zum Nordpol.

Unsere Verpflegung bestand aus Pemmikan, Schokolade, Keksen und Milchpulver; diese sollte bei einer täglichen Ration von 500 Gramm pro Person zwei Monate für insgesamt 16 Mann ausreichen. An den Wänden der Fahrgastkabine hingen die Portraits des Königs und der Königin von Norwegen (die übrigens bereits bei der Südpolexpedition »Fram« im Jahre 1910 mitgeführt worden waren), ein Bild der Muttergottes, das die Italiener mitgebracht hatten, sowie ein Kleeblatt, das Major Scott dem Luftschiff geschenkt hatte; der Major hatte das Luftschiff R34 über den Atlantik gelenkt. In der Kabine hingen im weiteren eine norwegische, eine nordamerikanische und eine italienische Fahne, die wir am Nordpol hinterlassen wollten.

Für jene von uns, die zum ersten Mal das Eismeer überqueren sollten, war es das »große Abenteuer ihres Lebens«, da bisher noch niemand so schnell geflogen und so weit in ein unbekanntes Reich vorgedrungen war. Es gibt da etwas Undefinierbares in einer solchen Erfahrung, in der Realität und Illusion so vermischt erscheinen, daß man erst im nachhinein das Tatsächliche voll erfassen kann.

Zwei Stunden nach Verlassen der Königsbucht befanden wir uns über dem polaren Packeis. Was für ein Anblick! Die Sonne schien durch einen türkisfarbenen Himmel hindurch, und der Schatten unseres Fahrzeuges, der einem Walfisch ähnelte, zog gleichmäßig über ein blitzendes Schneefeld hinweg, außer dort, wo Wind und Wellen die Eisflächen zerrissen hatten und offenes Meer zu sehen war. Wir überflogen drei weiße Wale, die sich rasch unter der Eisfläche verbargen; einige Polarbären hingegen, erschreckt vom Anblick und vom Geräusch des Monstrums, das durch die Lüfte anstatt aus dem Meer kam, tauchten in die Fluten, und die Wasserspritzer glänzten hell im Sonnenlicht. Als wir uns dem 83,5. Breitengrad näherten, schienen sich die verschneiten Bergkuppen Spitzbergens im Blau

Einer der ersten Forscher, von denen Ellsworth spricht, war der schwedische Ingenieur Andrée. Er hatte mit zwei Gefährten etwa 15 Jahre vorher versucht, die gleiche Expedition durchzuführen. Er hoffte, seinen Ballon so gut wie möglich durch den Einsatz von Schleppseilen (rechts im Bild) und Segeln (links und rechts oben) lenken zu können. Seine Gondel bestand aus drei Stockwerken; das oberste lag über dem Korbring und war durch eine Strickleiter erreichbar.

des Himmels aufzulösen, und jegliche Anzeichen von Leben verschwanden. Leichte Nebel zogen uns, einem Meer aus Watte gleich, entgegen und verbargen gelegentlich das Eis unseren Blicken. Als wir dem 88. Breitengrad näherkamen, mußten wir von 540 auf 900 Meter aufsteigen, um sie zu überfliegen.

In den Sommermonaten ist es schwer, in diesen Breiten den Tag von der Nacht zu unterscheiden, da die Sonne während der 24 Stunden fast immer die gleiche Höhe am Horizont einnimmt. Da uns der nach Greenwich-Zeit geeichte Chronometer sagte, wir seien bereits seit 16½ Stunden unter-

wegs, mußte es 1.30 Uhr in der Früh sein. Am 2. Mai hatte sich der Nebel vollständig aufgelöst, und es herrschte kein Wind.
Der Navigator befand sich bereits seit 1.10 Uhr vor einem Fenster der Kabine, den Sextanten in der Hand. Plötzlich rief er: »Wir sind so weit!« – Wir schwebten über dem Nordpol! Wir ließen die Motoren auf Minimum laufen, nahmen unsere Kopfbedeckungen ab und sanken auf eine Höhe von 90 Metern über dem Eis ab. Daraufhin ließen wir die drei Fahnen aus der Kabine zu Boden flattern.
Während wir über dem Pol schwebten, lehnte ich mich, von innerer Erregung ergriffen, an eine Wand der Fahrgastzelle und dachte über unseren Sieg nach und darüber, daß wir trotz schlechtester Bedingungen eine der faszinierendsten Reisen unternommen hatten, die Menschen je gemacht hatten. Als mir dann die Schwierigkeiten in den Sinn kamen, mit denen die ersten Forscher zu kämpfen hatten, schien mir, als seien sie dem Alten Testament entnommen. »Suchen, kämpfen, finden und nicht aufgeben!« war ihr Motto gewesen, und dank dieser »Pioniere auf neuen Wegen« konnten Norwegen, Amerika und Italien ihre Fahnen auf dem Pol zurücklassen.
Um 12.30 Uhr wurde mir ein Funktelegramm übergeben, auf dem stand: »Zu ihrem 46. Geburtstag entsenden wir ihnen, während Sie in eine neue Hemisphäre eindringen, die besten Wünsche. Ihre Freunde in Spitzbergen.« Man trank auf mein Wohl, und zwar kalten Tee aus der Tasse, die Amundsen am Südpol benutzt hatte und auf der »Fram, 11. 12. 1911« eingraviert war. Da der Übertritt von einer Hemisphäre in die andere den Gewinn eines Kalendertages bedeutete, schien mir, wie ich in meinem Tagebuch festhielt, daß ich morgen erneut Geburtstag feiern könnte.
Es war ganz natürlich, daß wir nach der Überquerung des Pols unsere Schüsseln mit Fleisch und heißem Fett füllten, das aus einer großen Thermosflasche kam; so aßen wir die erste warme Mahlzeit während unseres Fluges von Spitzbergen nach Alaska.
Wir nahmen dann unsere Fahrt mit voller Geschwindigkeit wieder auf, bewegten uns aber nun nach Süden gegen Point Barrow hin, das, in Alaska, 2250 km von uns entfernt war. Vor uns hatten wir das größte unerforschte Gebiet der Welt. Was würden wir entdecken: einen verlorenen Konti-

nent, eine Insel oder gar etwas gänzlich Unbekanntes? Würde es uns vergönnt sein, unsere Reise zu Ende zu bringen, um der Welt zu erzählen, was wir alles erlebt hatten? Obwohl es uns allen an Schlaf fehlte, führten diese Fragen bei jedem Mann der Besatzung zu erhöhter Aufmerksamkeit. Stunden vergingen, doch wir sahen immer nur dieselbe glänzende, von Rissen und Wasserflächen unterbrochene Eislandschaft wie vor der Ankunft am Pol.

Wir erreichten den »Eispol« fünfeinhalb Stunden später um 7 Uhr. Der Eispol hat seinen Namen daher, daß er sich im Zentrum der arktischen Eiskalotte befindet und daher das am schwersten zugängliche Gebiet der arktischen Regionen darstellt; er liegt am 86. Grad nördlicher Breite und am 157. Grad westlicher Länge. Wir hatten ihn erreicht, doch wir waren uns einig, daß dieses chaotische, zerklüftete Eisfeld nur von der Luft her erreichbar sei. Beim Überfliegen des 86. Breitengrades hatten wir den halben Weg zwischen der Königsbucht und Point Barrow hinter uns. Von den sieben Tonnen Treibstoff hatten wir bislang nur zwei verbraucht.
Wir bemerkten dann fast 1050 km nach Überschreiten des 83,5. Breitengrades das erste Anzeichen von Leben: Die Spuren eines Eisbären. Was für ein Schlag für unsere Überheblichkeit! Dort, ganz klar, waren die Spuren zu sehen. Es waren zwar nur die eines Eisbären, doch immerhin die eines Lebewesens. Bei diesem Anblick verschwand das Gefühl der völligen Einsamkeit, das mich ergriffen hatte, so daß es mir vorgekommen war, wie eine verlorene Seele außerhalb des dreidimensionalen Raumes in leeren Weiten zu fliegen. Statt dieses Gefühls der Einsamkeit erwachte in mir jenes von Hoffnung. Gerade vor uns, so schien es, befinde sich Alaska, das Ziel unserer Träume.
Als wir uns der Küste Alaskas näherten, ergriff uns Furcht, da wir auf das erste Unwetter während unserer Reise stießen. Wir kämpften 31 Stunden lang gegen Nebel, Schnee und Sturm. Beim Fliegen ist es wie im Leben: Wir müssen das fürchten, was wir nicht sehen, und nicht das, was wir sehen. Jeden Augenblick geschah etwas Neues und Unerwartetes. So legte sich Eis auf die äußeren Drähte und brachte unseren windbetriebenen Generator zum Stehen, der uns den Strom für das Funkgerät lieferte. Alle Ver-

suche, mit Alaska Funkkontakt aufzunehmen, blieben fruchtlos. Im letzten Bericht aus Alaska vor dem Ausfall unseres Gerätes hieß es, man erwarte, daß ein Wirbelsturm über dem Beringmeer ausbrechen werde.

Um 6.45 Uhr am Morgen des 13. Mai sichteten wir Land und erreichten nach einer Flugdauer von 48 Stunden um 7.25 Uhr die Küste. Sie war flach und schneebedeckt, die trostloseste Küstenlinie, die man sich hätte vorstellen können – aber immerhin, es war Land, und das mußte genügen. An der Küste verdichtete sich der Nebel, und wir waren gezwungen, in niedrigerer Höhe zu fliegen, um ausreichende Sicht zu haben. Bei Kap Beaufort schließlich sahen wir überhaupt nichts mehr und stiegen deshalb durch Nebel und Wolken auf – zum Sonnenlicht. Unter uns lagen dichte Nebelbänke, und erst jetzt konnten wir die kahlen Bergspitzen des Endicott-Gebirges erkennen, über die wir hinwegflogen, doch reichte dieser Anblick zur Orientierung nicht aus.
Wir stiegen über die Wolken hinaus in den klaren Himmel,

doch war es notwendig, vom höchsten Punkt des Luftschiffes aus den Kurs zu bestimmen, da die Sonne in diesen Breiten so hoch stand, daß sie immer von der Hülle des Luftschiffes verdeckt wurde, in welche Richtung man sich auch wendete.
Wie festgestellt wurde, befanden wir uns auf 67°30' nördlicher Breite. Wir sanken durch die Wolken hinab und wurden von einem kräftigen Wind von 105 km/h über die Kotzebue-Bucht getrieben. Als wir uns nach Westen wendeten, um erneut zum Meer zu gelangen, hörten wir Radio Nome und erfuhren unsere genaue Position.
Am 14. Mai um 3.30 Uhr umrundeten wir das Kap des Prince of Wales und landeten mit einem eisverkrusteten Luftschiff beim kleinen Handelsort Teller nordwestlich von Nome, nachdem wir in 72 Stunden Flugdauer 4089 km von Europa nach Amerika über das nördliche Eismeer zurückgelegt hatten.

L. Ellsworth

(aus dem Italienischen: »Il tesoro della Scienza«; Edition Sansoni)

Bedeutende Polarreisen sind mit dem Freiballon, mit dem Luftschiff und dem Unterseeboot unternommen worden; Fahrzeugen, die untereinander gewisse Ähnlichkeiten besitzen. Das arktische Eismeer wurde das erste Mal im Jahre 1926 mit einem Luftschiff überquert. Etwas mehr als 30 Jahre später fuhr das Unterseeboot »Nautilus« in umgekehrter Richtung unter dem Packeis durch. 1959 gelang es mit dem U-Boot »Skate« (im Bild), das Eis zu durchbrechen und aufzutauchen.

Das Luftschiff »Italia« kurz vor dem Start seiner ersten Polarfahrt über Spitzbergen.

Schaltet die Motoren ab!

Zwei Jahre nach der Expedition mit der »Norge« organisierte Nobile, der das erwähnte Luftschiff gebaut und auch gesteuert hatte, eine weitere Forschungsfahrt mit einem anderen Luftschiff, der »Italia«. Nobile wollte den Nordpol erreichen und gleichzeitig das Eismeer genauer erforschen. Bei dem Rückflug vom Pol stürzte das Luftschiff jedoch auf das Packeis, und etliche Besatzungsmitglieder wurden aus der Führergondel geschleudert; die »Italia« hob wieder ab und verschwand mit den restlichen Besatzungsmitgliedern auf Nimmerwiedersehen in den Wolken.

Wir verließen den Nordpol um 2.20 Uhr und flogen in einer Höhe von 1000 Metern entlang dem 25. Längengrad östlich von Greenwich. Kurz darauf kamen Wolken auf, und wir sahen die Sonne nicht mehr. Unter uns breitete sich eine dichte Nebelbank in alle Richtungen aus.
Wegen der Wolken und des Nebels orientierten wir uns lediglich an dem Magnetkompaß; doch wegen des starken Windes und der daraus resultierenden hohen Fahrtgeschwindigkeit hätten gefährliche Navigationsfehler gemacht werden können. Aus diesem Grund entschloß ich mich, um 10.20 Uhr unter die Wolkendecke hinabzusinken. Von einer Höhe von 200 bis 300 Metern war das Packeis verhältnismäßig gut sichtbar. Wir stellten fest, daß uns ein starker Nordwestwind gegen Osten abgetrieben hatte.
Wir flogen unter den Wolken weiter, und gelegentlich stießen wir auf heftige Winde und Wolkenfetzen, die uns die Sicht auf den Boden versperrten. Indem der Wind durch die Spalten in der Fahrerkabine ins Innere drang, erzeugte

er einen langgedehnten Pfeifton. Auch hörte man das Ächzen der Leinwandhülle unseres Fahrzeuges.
Die Besatzung ging schweigend ihren Beschäftigungen nach. Die lebhafte Heiterkeit während der Hinfahrt war verschwunden. Die Stille wurde immer wieder von einem heftigen Krachen durchbrochen, das von Eisbrocken herrührte, die die Luftschrauben gegen die Hülle des Luftschiffes schleuderten und die kleine Risse verursachten. Diese kleinen Schäden wurden sofort ausfindig gemacht und behoben. An der Außenseite des Fahrzeuges hatte sich überall Eis gebildet, und zwar bedeutend mehr, als bei anderen Gelegenheiten. Diese Eisbildung nahm besonders am Nachmittag des 24. stark zu, und wir mußten kurz Halt machen. Am Abend jedoch trat das Phänomen in verstärktem Maße auf. Von der Antenne hatte Biagi einen Eiszapfen von vier bis fünf Zentimeter Durchmesser entfernt und wie eine Trophäe in der Fahrerkabine befestigt.

Wir kamen langsam voran. Wir mußten gegen einen Gegenwind ankämpfen, der mit einer Geschwindigkeit von 36 km/h wehte, manchmal sogar mit 50 km/h. Die Vorhersage von Malmgren vor unserer Ankunft am Pol, daß der Wind in wenigen Stunden umschlagen und unsere Rückfahrt begünstigen würde, schien sich nicht zu bewahrheiten. Es war uns sogar, als nehme die Stärke des widrigen Windes immer mehr zu.
Malmgren gab sich jedoch nicht geschlagen. Er bat mich, die Reisegeschwindigkeit zu erhöhen: »Wir kommen bald aus dieser Zone hinaus«, meinte er, »danach wird's besser«. Ich stimmte zu. Normalerweise fuhren wir nur mit einem seitlichen Motor und mit dem Heckantrieb. Ich ließ nun auch den zweiten seitlich angebrachten Motor anwerfen und bei allen die Drehzahl erhöhen. Die Eigengeschwindigkeit des Luftschiffes stieg auf 100 km/h, doch die effektive Geschwindigkeit gegenüber dem Packeis lag nur bei 62 km/h, ein Anzeichen dafür, daß die Windgeschwindigkeit in den letzten Stunden zu- und nicht abgenommen hatte. Gegen 3 Uhr des 25. ließ ich die Reisegeschwindigkeit wieder auf ihren Normalwert reduzieren, da ich wegen des hohen Treibstoffkonsums Bedenken hatte, und befürchtete, daß die starken Winde der Struktur des Fahrzeuges schaden könnten. Malmgren jedoch, der wegen der metereolo-

gischen Bedingungen immer besorgter wurde, sagte: »Wir kommen zu langsam weiter. Es ist gefährlich, zu lange in dieser Gegend zu bleiben. Das Wetter könnte noch schlechter werden. Wir müssen hier raus«. Unter den zwei Übeln wählte ich daraufhin jenes, das mir das geringere schien, und ließ die Motoren wieder schneller laufen.
So fuhren wir, mit allen drei Motoren im Einsatz, durch den Sturm.

Am Morgen des 25. Mai, 30 Stunden, nachdem wir den Pol verlassen hatten, dauerte der Kampf gegen den Wind immer noch an. Wir kamen nur zögernd voran und wurden einmal nach rechts, ein andermal nach links abgetrieben. Es war äußerst schwierig, den richtigen Kurs einzuhalten, und oft gewann der Wind die Überhand über den Steuermann.
Wind und Nebel. Nebel und Wind. Andauernd. Und zwischendurch Schneetreiben.

In der Fahrerkabine ging jeder schweigend seiner Tätigkeit nach. Der eine oder andere sah müde aus. Die feuchte, graue und kalte Umgebung machte allen zu schaffen. Und seit 24 Stunden fuhren wir schon unter diesen Bedingungen. Kein Lichtstrahl drang durch den Nebel über uns, und unter uns lag in öder Monotonie das Packeis.
Den Mittelmotor überwachte Pomella, den rechten Seitenmotor Cioca, den linken Caratti. Leutnant Arduino, der für alle Motoren zusammen verantwortlich war, ging auf dem Gang im Metallgerüst des Luftschiffes auf und ab und regulierte die Treibstoff- und Ölzufuhr der Motoren und überwachte ihren Lauf. In der Fahrerkabine kümmerten sich Mariano, Zappi und Viglieri um den Kurs, wobei ihnen Malmgren bei der Einstellung des Seitenruders behilflich war. Am Höhenruder wechselten sich Trojani und Cecioni ab. Biagi sendete und empfing in der Funkkabine indessen pausenlos Nachrichten. Im hinteren Teil der Fahrerkabine, wo neben den Navigationsinstrumenten auch die wissenschaftlichen Geräte untergebracht waren, saß Behounek ungerührt und mit seinen Messungen beschäftigt. Pontremoli und der Journalist Lago hatten sich seit einigen Stunden bereits in den Schlafsäcken im Inneren des Luftschiffes im Bereich des Hecks zur Ruhe begeben. Alessandrini, der

mich bereits bei der Expedition mit der »Norge« begleitet hatte, lief zwischen der Fahrerkabine und dem Inneren des Luftschiffes hin und her, um meine Befehle weiterzuleiten. Ich achtete ein wenig auf alles, doch erforderten seit einiger Zeit die Geschwindigkeitskontrolle und die radiogoniometrischen Messungen meine besondere Aufmerksamkeit, da diese Daten wegen der Unsicherheit unserer Position von größter Wichtigkeit waren. Schon längst hätten wir die nördliche Küste von Svalbard sehen müssen, doch bisher war von ihr noch nichts zu erkennen.
Unsere Lage war äußerst diffizil, doch gerade diese Schwierigkeiten erhöhten meine Leistungsfähigkeit. Obwohl ich zwei Tage nicht geschlafen hatte, fühlte ich mich nicht müde. Ich hielt mich abwechselnd am Kartentisch, beim Ge-

schwindigkeitsmesser und im Funkraum auf. Biagi teilte mir die Berichte von unserem Versorgungsschiff mit, und ich zeichnete die erhaltenen Daten auf der Karte ein. Dann und wann ging ich in den vorderen Teil der Fahrerkabine, um zu kontrollieren, ob alles in Ordnung sei.

Um 9.25 Uhr befand ich mich vor der Türe des Funkraums, um Nachrichten abzuwarten, als Trojani, der das Höhenruder bediente, ausrief: »Das Ruder klemmt!«. Ich lief sofort zu ihm hin. Ich sah, wie er am Steuerrad drehte, um den Bug des Luftschiffes wieder in die Höhe zu bringen, doch seine Anstrengungen waren umsonst. Irgendwo klemmte der Mechanismus.
Wir befanden uns in 250 Meter Höhe, als das Luftschiff, mit

Das Luftschiff »Italia« in der Königsbucht auf Spitzbergen. Im Hintergrund der Hangar, in dem die »Italia« zu Reparaturarbeiten untergebracht werden konnte. Um das Luftschiff zu verlassen, konnte man am Kiel entlanggehen und über die Leiter am Ankermast absteigen.

dem Bug nach unten geneigt, an Höhe verlor. Die Motoren liefen weiter, und in wenigen Minuten hätten wir auf dem Packeis aufgesetzt. Die Situation beunruhigte mich jedoch nicht: Da das Luftschiff sehr leicht war, würde ein Abstellen der Motoren einen weiteren Höhenverlust verhindern. Ich gab den entsprechenden Befehl und atmete erleichtert auf, als ich von der Fahrerkabine aus sah, wie die Propeller zum Stillstand kamen. Nun war nichts mehr zu befürchten, denn in Kürze würde unser Fahrzeug wieder an Höhe gewinnen. In dem Augenblick jedoch warfen die Marineoffiziere, die sich im rückwärtigen Teil der Fahrerkabine befanden, ohne einen entsprechenden Befehl erhalten zu haben, vier Benzinkanister ab. Ich konnte nicht umhin, sie wegen des unnötigen Verlustes an Ballast und Treibstoff zu tadeln. Während das Luftschiff langsam in die Höhe stieg, gelang es Viglieri, mit einem kräftigen Schlag das Höhenruder wieder zum Funktionieren zu bringen. Dennoch sagte ich Ce-

Nach der Rückkehr von einer Expedition wird die »Italia« mittels langer, am Kiel festgemachter Leinen in den Hanger gezogen.

cioni, er solle den gesamten Mechanismus genauestens kontrollieren.
Unterdessen stieg unser Fahrzeug weiter an. Ich hatte alle Luftventile öffnen lassen, und der Gasdruck war bereits unter 0 gesunken. Nun jedoch schien er wieder anzusteigen, und ich überwachte aufmerksam die Manometer.
Bald waren wir in den Nebel eingetaucht. Während wir aufstiegen, zeigten die Manometer progressiv höheren Gasdruck an. Plötzlich merkte ich, daß der Gasdruck in der hintersten Kammer weit höher war, als in allen anderen, und ich ließ daher aus dieser Kammer Gas ablassen, um gleiche Druckverhältnisse wie in den anderen herzustellen.
In einer Höhe von 900 Metern tauchten wir aus dem Nebel auf und schwebten in blauem Himmel. Die Marineoffiziere maßen die Sonnenhöhe.

Cecioni hatte unterdessen seine Kontrollen beendet und dabei nichts Ungewöhnliches entdeckt. Wahrscheinlich hatte Eisbildung dazu geführt, daß das Höhenruder geklemmt hatte. Um 9.55 Uhr ließ ich den mittleren und den linken Motor wieder anwerfen. Wir setzten unseren Flug in der Hoffnung fort, die weißen Bergspitzen von Svalbard bald über dem Nebel auftauchen zu sehen.
Nichts hingegen zeigte sich unseren Blicken.
Ich entschloß mich daher, unseren Flug in geringerer Höhe fortzusetzen, um anhand des Packeises unsere Fluggeschwindigkeit kontrollieren zu können.
Wir tauchten also wieder in den Nebel ein und sanken hinab, bis wir das Eis sehen konnten. Wir befanden uns in einer Höhe von etwa 300 Metern.

Ich überprüfte die Geschwindigkeit. Der Wind hatte nachgelassen, und wir mußten den dritten Motor nicht anstellen, was mich sehr beruhigte, da wir weniger Treibstoff verbrauchen und die Strukturen des Luftschiffs nicht unnötig angegriffen würden. An Bord war alles in Ordnung. Jeder stand wieder an seinem Platz. Das Seitenruder hatte Malmgren in der Hand, dem Zappi dann und wann knappe Anweisungen gab. Cecioni war weiterhin am Höhenruder beschäftigt. Trojani stand neben ihm und überwachte die Gasmanometer und die Luftventile.
Im hinteren Teil der Fahrerkabine waren Mariano, Viglieri

und ich. Behounek war mit seinen Messungen beschäftigt. Pontremoli und Lago schliefen weiter und hatten die Schwierigkeiten mit dem Höhenruder gar nicht bemerkt.

Wir fuhren in einer Höhe von 200 bis 300 Metern dahin. Um auf dieser Höhe zu bleiben, mußte das leichte Luftschiff mit dem Bug etwas nach oben gerichtet fliegen. Um 10.30 ließ ich nochmals die Geschwindigkeit messen. Danach ging ich nach vorne, um vom Fenster zwischen Höhen- und Seitenruder die Flughöhe zu kontrollieren. Plötzlich sagte Cecioni aufgeregt: »Wir sind hecklastig!« Ich blickte rasch auf die Instrumente. In der Tat war unser Heck stark gesunken, und der Neigungsmesser zeigte eine Abweichung von

Die »Italia« von vorne gesehen.

15 Grad von der Waagrechten an. Trotzdem verloren wir rasch an Höhe.
Die Gefahr war groß und ein Unheil nahe, denn unter uns lag das Packeis. Ich befahl sofort, die Drehzahl der zwei Motoren zu erhöhen und den dritten anzuwerfen, um eine dynamische Höhenbewegung zu erreichen, die ein weiteres Absacken des Luftschiffes verhindern sollte.

In dem Augenblick kam mir der Gedanke, daß sich die Senkung des Hecks aus einem Gasverlust in der letzten Kammer ergeben haben könnte, deren Ventile ich kurz zuvor hatte öffnen lassen; vielleicht hatten sie sich wegen Eisbildung nicht wieder geschlossen. Ich rief Alessandrini zu, er solle sofort nachsehen.

Unterdessen hatten die Maschinisten meine Anweisungen befolgt: Pomella und Caratti ließen ihre Motoren auf vollen Touren laufen, auch Ciocca hatte den seinen mit erstaunlicher Geschwindigkeit in Gang bringen können. Das Luftschiff gewann an Fahrt und neigte sich etwas mehr, so daß ich hörte, wie Gegenstände auf dem Boden der Kabine zu verrutschen begannen. Der dynamische Auftrieb reichte jedoch nicht aus, um einen weiteren Höhenverlust zu verhindern. Die Instrumente bestätigten dies: Es schien, als würden wir rascher sinken als vorher.

Ich erkannte, daß nichts mehr zu tun sei. Der Versuch, die starke Rückwärtsneigung unseres Fahrzeuges auf dynamische Weise auszugleichen, war gescheitert, ja, unsere Maßnahmen hatten die Situation sogar verschlechtert, und eine Bruchlandung schien unvermeidlich. Es ging nun lediglich darum, allzu schlimme Konsequenzen zu verhindern.
Ich ließ die Motoren abstellen, um einen möglichen Brand bei der Landung zu verhindern. Auch ließ ich unsere aus Bronzekugeln gefertigte Ballastkette abwerfen. Sie hing an einem Hanfseil am Bug und wog etwa 400 Kilo. Cecioni sollte sie losmachen, und Zappi bediente unterdessen an seiner Stelle das Höhenruder. Dies war alles, was man tun konnte.
Unterdessen näherten wir uns dem Packeis mit wachsender Geschwindigkeit.
Ich sah, daß es Cecioni nicht gelang, die Ballastkette loszumachen, und ich rief: »Rasch, rasch!« Auch merkte ich, daß

Die zwei seitlich angebrachten Motoren waren vom Kiel aus über Laufstege erreichbar, der Heckmotor über eine Leiter. Das Luftschiff hat abgehoben: Die Halteleinen werden eingezogen und ein Maschinist begibt sich gerade zu einem der Motoren.

der linke Motor von Caratti noch lief, und ich neigte mich zum Fenster hinaus und schrie mit lauter Stimme: »Stell den Motor ab!« Ich hörte, wie Mariano von einem anderen Fenster aus das gleiche rief. Indessen bemerkte ich, daß der hintere Motor nur noch einige zig Meter über dem Boden war, und ich schloß mein Fenster.

Ich kam gerade zum Seitenruder und stand zwischen Malmgren und Zappi, als dieser das Steuerrad losließ und mich bestürzt anblickte. Ich griff zum Rad und merkte, das unser Fahrzeug dem Steuer nicht mehr gehorchte. Einen Augenblick später schlugen wir auf das Eis auf. Es knisterte und rauschte entsetzlich, und ich spürte einen Schlag auf den Kopf. Ich fühlte mich wie zusammengepreßt und empfand, ohne daß ich Schmerz spürte, wie einige Knochen in meinem Körper brachen. Dann warf mich ein herabstürzender Gegenstand mit dem Kopf nach unten zu Boden. Ich schloß instinktiv die Augen, und in voller Klarheit schoß es mir durch den Kopf: »Nun ist alles aus!« Ich sprach diese Worte in Gedanken fast aus.

Es war 10.33 Uhr am 25. Mai.
Das ganze schaurige Ereignis dauerte insgesamt nur zwei bis drei Minuten.

Umberto Nobile
(aus dem Italienischen: »La tenta rossa«; Edition Sansoni)

Der erste Stratosphärenflug

Im Jahr 1931 stieg der Schweizer Forscher Piccard mit Ingenieur Kipfer in einer Druckkabine an einem Ballon auf und erreichte die Rekordhöhe von 16 000 Metern. Im folgenden Textauszug beschreibt er die Erde, wie er sie von so großer Höhe sah.
Ein Defekt am Gasventil hinderte die beiden Männer daran, wieder auf die Erde zurückzukehren; erst als die Nachtkälte eine Volumenverminderung des Gases bewirkte, sank der Ballon und Piccard und Kipfer landeten auf einem Gletscher im Ötztal.

An jenem Tag haben wir uns nicht gelangweilt, da uns der Ausblick durch unsere kleinen Fenster genug Zerstreuung bot. Das ist also unsere Stratosphäre! Was man von hier oben alles sieht! Über uns der Ballon, prall und rund, wie er sein sollte. Und rundherum den Himmel. Der eindruckvollste Himmel, den ich je gesehen habe: ein intensives, dunkles, fast schwarzes Blau. Die Theorie der Wissenschaftler bestätigte sich: In dieser Höhe sind zehnmal weniger Luftmoleküle, die dem »weißen« Sonnenlicht das Blau entnehmen und in alle Richtungen als diffuses Licht verteilen. Die Farbe des Himmels hat uns also nicht erstaunt, ja wir waren froh darüber, daß seine Farbe unseren Erwartungen entsprach.

Auch in dieser Höhe kann man die Sterne bei Tageslicht nicht sehen. Vom Erdboden aus nehmen wir die großen Planeten nur unter besonderen Umständen wahr. Da die leuchtendsten Fixsterne jedoch nur etwa ein Zehntel der Leuchtkraft der Venus oder des Jupiter haben, können wir sie nur sehen, wenn das Himmelslicht weniger als ein Zehntel der Helligkeit besitzt, das es vom Erdboden aus gesehen hat. Die größten Fixsterne werden etwa ab einer Höhe von 20 bis 25 km sichtbar. Die Mondsichel sahen wir bereits von der Höhe aus, in der wir uns befanden.

Läßt man den Blick vom Zenit Richtung Erde schweifen, wirkt der Himmel nicht mehr so dunkel; gegen den Horizont zu wird seine Farbe sogar heller. Bei vollkommen durchsichtiger Luft wäre der Horizont, von einem Punkt der Erde aus gesehen, 450 km entfernt. Die Atmosphäre ist jedoch nicht klar genug, um uns so weit blicken zu lassen. Der blaue Himmel, so wie wir ihn hier oben sehen, wird von einer horizontalen Linie durchschnitten, die wahrscheinlich von der Grenze zur Troposphäre gebildet wird. Von weitem betrachtet scheint sie nach allen Richtungen vollkommen weiß zu sein. Blickt man weiter nach unten, sieht man die Erde (wir sahen das südliche Bayern).

Man kann kaum etwas klar erkennen, alles wirkt verschwommen wie auf einem unscharfen Foto. Denn zwischen uns und dem Erdboden befinden sich die neun Zehntel der Atmosphäre, und was in dieser Höhe an Licht fehlt, liegt grau in grau unter uns.

Die Berge sind wunderschön. Sie erheben sich aus den dichteren Schichten der Troposphäre. Anfangs sind sie noch in Wolken eingehüllt, doch dann sieht man eine Bergspitze, dann eine zweite, bis schließlich Bergketten klar sichtbar unter uns liegen. Wir bewundern die bayerischen Alpen, das Tiroler Hochgebirge. Und immer mehr nähern wir uns diesen Bergen ... So viele Berge hatte ich noch nie gesehen. Immer neue Bergketten tauchen auf. Kein Mensch hat bisher diesen einmaligen Ausblick gehabt. Man meint, ein plastisch gestaltetes Modell einer Berglandschaft in einem Museum vor sich zu haben. Die Wolken zwischen den Bergen erhöhen noch den Reiz des Anblicks.

Ja, die Wolken selbst türmen sich zu Gebirgsmassiven, die sich zwischen den wirklichen erheben – in vier-, sechs-, vielleicht in achttausend Meter Höhe.

Alle haben sie bisher nur von unten gesehen. Nun blicken wir von oben auf sie herab.

A. Piccard
(aus dem Italienischen: »A 16000 metri: i miei viaggi nella stratosfera«; Edition Mondadori)

Die Druckkabine, die Professor Piccard für seinen Stratosphärenflug benutzte. Man gelangte durch die runde Einstiegsluke in die Gondel. Kleine, runde Fensterchen ermöglichten die Aussicht.

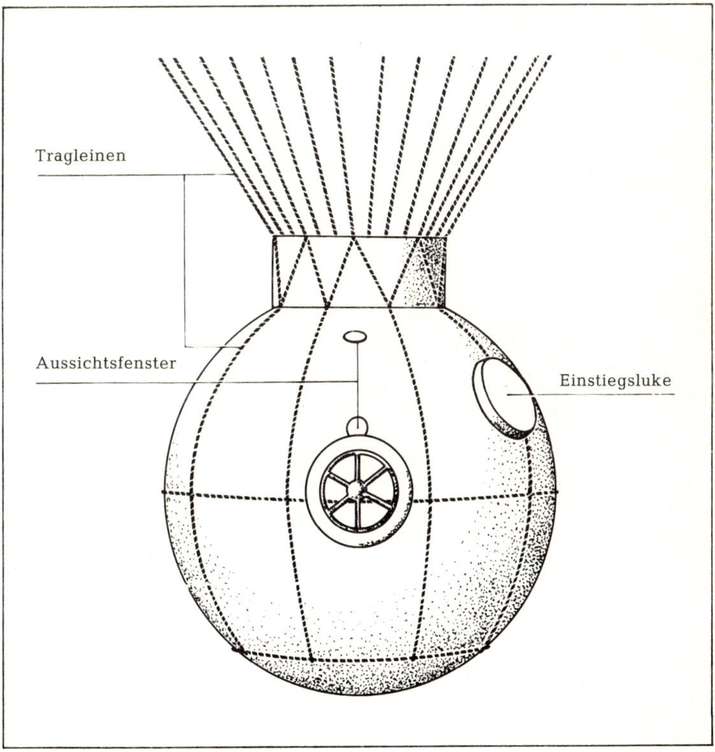

Abschied vom Leser

Dem Leser, der sich bis hierhin durchgearbeitet hat, möchten wir nun noch zweierlei sagen. Allem voran danken wir ihm, daß er uns bis an diese Stelle gefolgt ist und sich mit der recht vielseitig gegliederten Thematik auseinandergesetzt hat, mit der wir ihn konfrontieren mußten, um ein halbwegs vollständiges Bild von dem zu zeichnen, das zu beschreiben wir uns vorgenommen hatten. Aber die Mühe des Lesers dürfte dabei nicht allzu groß gewesen sein, zumal wir nur von Dingen gesprochen haben, die nichts anderes als die Grundlage zum Thema darstellen.

Schwieriger wäre es dagegen, neue themenbezogene Probleme und Aspekte zu behandeln, mit denen man sich bisher noch nicht gründlich genug beschäftigt hat.
Aber – und das ist das zweite, was wir dem Leser noch sagen wollten – studieren und forschen zu lernen, heißt auch, selbst Wege zu finden und diesen zu folgen. Man sollte jedoch in Gesprächen mit anderen die

Ein Fesselballon für Absprungübungen bei der Ausbildung von Fallschirmspringern.

erzielten Fortschritte und die eingeschlagene Richtung immer wieder überprüfen. Andererseits wäre es nicht angemessen, den Leser dieses kleinen Bandes, dessen Inhalt nichts weiter als eine erste Orientierungshilfe sein kann, nun plötzlich im Stich zu lassen, ohne ihm eine Reihe von kleinen Hinweisen und Ratschlägen zu geben, die ihm bei seiner weiteren Beschäftigung mit dem behandelten Thema nützen könnten.
Auf diesen letzten Seiten wollen wir versuchen, zumindest die wichtigsten Voraussetzungen zu einem Weiterforschen in eigener Regie aufzuzählen und zu erläutern.

1. Man könnte damit beginnen, die verschiedenen Kapitel dieses Buches nochmal durchzusehen, um dabei gewisse Aspekte zu entdecken, die zum Ausgangspunkt neuer intensiver Problembehandlungen werden könnten. Auch sollte man versuchen festzustellen, bei welchen Themen man den Eindruck hatte, sie seien hier zu knapp oder mit unzureichender Klarheit behandelt worden.
Über all dies sollte man dann mit anderen Lesern dieses Buches und, wenn möglich, auch mit Fachleuten diskutieren.

2. Weiter sollten einige Behauptungen, die in diesem Buch enthalten sind, direkt überprüft bzw. nachvollzogen werden. Ein einfaches Experiment kann man etwa mit einem Stück Seidenpapier anstellen: Man rollt es zu einer Zylinderform auf, stellt es aufrecht auf eine ebene Fläche und zündet es oben an; dabei müßte die erzeugte aufsteigende Luftströmung das Papierstück nach einigen Augenblicken in die Höhe heben. Auch kann man prüfen, ob ein rascherer Erfolg

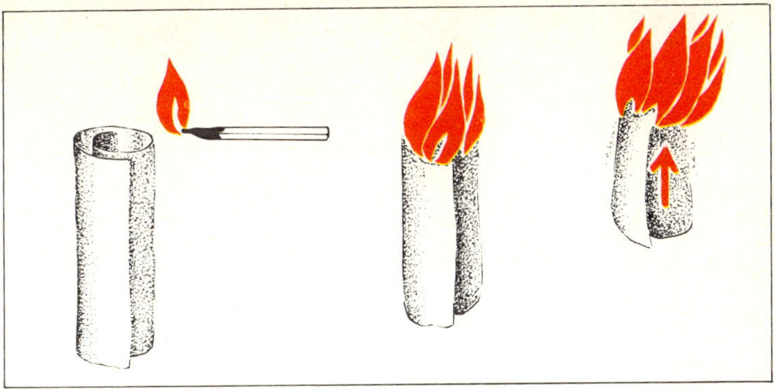

Durch die Hitze, die ein Stück leichtes, brennendes Papier erzeugt, wird eine aufsteigende Luftströmung bewirkt, die das Papier emporhebt.

sich einstellt, wenn man die Papierrolle auf ein Metallgitter stellt bzw. dem Papierstück eine konische anstatt einer zylindrischen Form gibt.
Ein komplexeres Experiment wäre der Bau einer kleinen Montgolfière aus etwa 8, mindestens einen Meter langen Papierstreifen, die oben spitz zulaufen. Die Papierstreifen werden, wie in der Abbildung gezeigt wird, am Rande zusammengeklebt und am unteren Rand macht man einen leichten Drahtring fest, der einen kleinen Aluminiumbehälter trägt; in den Behälter füllt man ein wenig Alkohol oder legt einen mit Alkohol getränkten Wattebausch hinein. An der Spitze des Papierballons befestigt man eine kleine Schlaufe aus Schnur, die die ganze Konstruktion trägt. Dabei muß berücksichtigt werden, daß sich die Schlaufe leicht von der Stange oder der anderen Haltevorrichtung lösen kann, sobald der Ballon zu steigen beginnt. Schließlich füllt man die Hülle mit Warmluft, indem man ein Rohr an die untere Öffnung hält, das Warmluft von einem offenen Feuer in den Ballon leitet. Be-

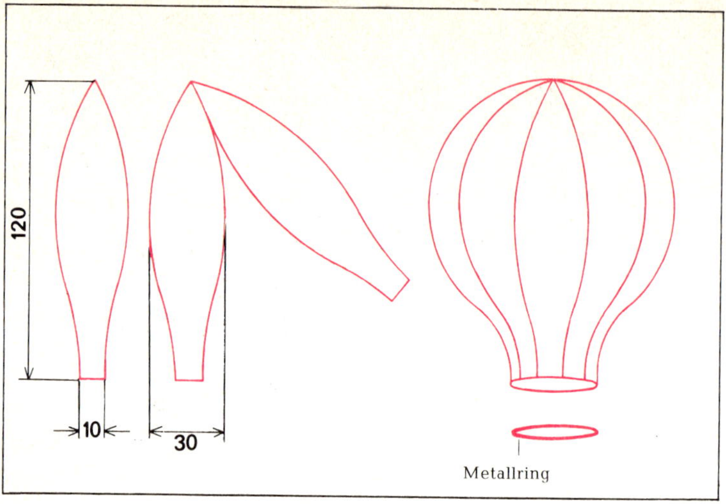

Das Modell einer Montgolfière läßt sich leicht mit acht bis zehn Stückchen zusammengeklebten Seidenpapiers herstellen. Am höchsten Punkt des Ballons wird eine kleine Schlaufe aus Bindfaden angebracht, das die Hülle während des Füllens mit Heißluft trägt.

ginnt dieser dann zu steigen, wird der Alkokol in dem Aluminiumbehälter entzündet, so daß die Luft im Ballon solange wie möglich warm gehalten wird. Baut man mehrere Ballons dieser Art in verschiedenen Größen, kann man beobachten, wie sich das größere oder kleinere Volumen bei gleichbleibender Temperatur der Warmluft auf die Auftriebskraft auswirkt. Weitere Versuche kann man mit luftgefüllten, länglichen Ballons anstellen: Wirft man sie in Schrägrichtung in die Luft, kann man beobachten, wie sie dynamisch in die Höhe steigen, bis die Schubkraft nachläßt, und sie wieder zu Boden sinken. Hängt man hingegen an einen kleinen Wasserstoffballon eine dünne Kette oder ein Stück dickerer Schnur, die den Ballon in niederer Höhe in der Schwebe hält, kann man

die Funktion des Schleppseils studieren. Man kann die unterschiedliche Stärke der Auftriebskraft beobachten, wenn man dabei den Ballon vom Schatten in die Sonne bringt und an der Kette oder der Schnur markiert, um wieviel er höher steigt.
Man kann die Funktion des Schleppseils auch studieren, indem man einen geschlossenen und mit Luft gefüllten Behälter unter Wasser setzt und an den eine Kette hängt, die den Behälter am Auftauchen hindert.

Bei religiösen Festen ließ man oft eine Montgolfière aufsteigen, auf deren Hülle Bilder aus dem Leben des Schutzpatrons gemalt waren.

Man kann nun beobachten, was geschieht, wenn man das Wasser erwärmt. Interessant ist dabei, einmal einen starren Behälter zu verwenden, ein andermal einen elastischen (etwa einen Luftballon mit wenig Luft).
Ein weiterer kleiner Versuch besteht darin, einen Gummiball für kurze Zeit in das Tiefkühlfach eines Kühlschranks zu legen (der Ball stellt hierbei ein Luftschiff dar, das in kalten Regionen fliegt); man nimmt den Ball anschließend wieder aus dem Kühlschrank und beobachtet, wie sich seine Oberfläche verhält, wenn man ihn in einen Raum mit höherer Luftfeuchtigkeit bringt, etwa in die Küche (die dann eine Wolke oder ein Nebelfeld darstellt, in das der Ballon mit seiner kalten Hülle eindringt).

3. Um die von der Lektüre dieses Buches abgeleiteten Kenntnisse zu erweitern und auszubauen, ist es natürlich unerläßlich, weitere Bücher zum Thema zu lesen. Es gibt eine ganze Reihe von Bänden, die sich mit der Luftfahrt im allgemeinen oder mit Ballons und Zeppelinen im besonderen befassen. (Siehe Literaturverzeichnis ab S. 126.)

4. Ein vierter wichtiger Ratschlag besteht schließlich darin, sich mit Themen angrenzender Wissensgebiete zu beschäftigen. Das Wissen um eine Sache ist nämlich erst dann in vollem Maße befriedigend, wenn es differenziert und organisch geschichtet ist.

Nehmen wir ein Beispiel: An verschiedenen Stellen wurde auf den Einsatz von Freiballons und Luftschiffen bei der Erforschung der Arktis hingewiesen. Der Luftweg war nur eine der Möglichkeiten, zum Pol zu gelangen, und die Voraussetzungen waren vollkom-

men verschieden, ob man sich nun eines Ballons, eines Zeppelins oder eines Flugzeuges bediente. Daneben konnte man sich zur Erforschung der Polarregionen des Schiffes, des Hundeschlittens oder später des Unterseebootes bedienen. Auf einige Probleme der Polarforschung wird im Band **»Die Erforschung der Antarktis«** in dieser Schriftenreihe eingegangen.
Ein weiteres Beispiel: Häufig haben wir die Probleme erwähnt, denen sich Luftfahrer durch Wolken- und Nebelbildung gegenübersahen oder durch die Eisbildung auf der Hülle ihrer Luftfahrzeuge. Wie bilden sich aber Nebel und Wolken? Wie wandeln sie sich in Regen, Schnee oder Eis um? Auch haben wir gelesen, welche Bedeutung die Lufttemperatur oder die horizontalen und vertikalen Luftbewegungen bei Start

Die Zeit der großen Luftschiffe ist auch die Epoche der Wasserflugzeuge. Da es wenige Flughäfen gab, nutzte man vielerorts die vorhandenen Wasserflächen zum Starten und Landen. Das Wasserflugzeug wurde auch bei der Erforschung der Polargebiete eingesetzt. Auf der Abbildung ist die Maschine zu sehen, die Amundsen bei der Suche nach den Überlebenden des Absturzes der »Italia« benutzte. Amundsen und der Pilot kamen jedoch beim Absturz des Flugzeuges Bering-Meer ums Leben.

und Landung eines Luftfahrzeuges haben. Wie entstehen aber die Winde? Welche Beziehung besteht zwischen der Luftbewegung und der Wolkenbildung, ihrer Umformung in Regen und der Verteilung der Sonnenwärme auf der Erde? Diesen und ähnlichen Fragen ist der Band »**Wolken, Wind und Regen**« in dieser Reihe gewidmet.

Ein weiterer Hinweis: Häufig haben wir auf die Analogien zwischen der Fortbewegung mit Freiballons und Luftschiffen auf der einen und Tiefseetauchschiffen und Unterseebooten auf der anderen Seite hingewiesen. Eine anregende Ergänzung der Beschäftigung mit der frühen Luftfahrt könnte also ein Eingehen auf die Tiefseeschiffahrt mit sich bringen.

Von diesem Gesichtspunkt her gesehen kann ein nochmaliges Durchlesen aller in diesem Band enthaltenen Fußnoten sehr nützlich sein.
Natürlich gibt es noch andere Möglichkeiten und Ansatzpunkte, die eigene Forschungsarbeit erleichtern.

Aber auch dabei stellt sich wieder eine Reihe von Problemen und Fragen: In welcher Richtung soll man vorzugsweise vorstoßen, wie weit und ausführlich soll man sich mit den einzelnen Themen beschäftigen, an welchem Punkt soll man in eine neue Richtung abzweigen und welche Maßstäbe soll man ansetzen, um das Niveau seiner Studien und Erforschun-

Wer, wie dieser Ballonfahrer, die Alpen mit dem Ballon überfliegen will, muß über die metereologischen Gegebenheiten, wie Winde und Wetterverhältnisse, genauestens Bescheid wissen (Foto Longini, IGDA).

Schilthorn-Bahn

gen richtig zu bewerten? In diesem Zusammenhang sollte sich der Leser vergegenwärtigen, daß er, solange in ihm das Interesse für ein bestimmtes Thema lebendig bleibt, nicht aufhören sollte. Außerdem sollte er sich vor Augen halten, daß der beste Maßstab zur Feststellung, ob gewisse Dinge richtig verstanden wurden, darin besteht, mit anderen darüber zu sprechen und den Versuch zu unternehmen, auch anderen die betreffende Sache verständlich zu machen. Anhand der Fragen, Bemerkungen und Einwände, die im Laufe solcher Gruppengespräche zwangsläufig entstehen, wird man sich bald darüber klar werden, an welchen Stellen man noch arbeiten muß, um sein detailliertes Wissen und seine Erkenntnisse weiter auszubauen und sowohl in der Fülle als auch in der Qualität fortwährend zu steigern.

Literaturverzeichnis

Einführende Gesamtdarstellungen

C.C. Bergius: Die Straße der Piloten. Die abenteuerliche Geschichte der Luftfahrt. Gütersloh 1959.

Dieterich, Engberding: Luftfahrt und Luftschiffahrt in Vergangenheit, Gegenwart und Zukunft. Berlin 1926.

P. Karlson: Der Mensch fliegt. Geschichte und Technik des Fliegens. Berlin 1936.

Wolfgang Lochner: Weltgeschichte der Luftfahrt. Vom Heißluftballon zum Überschallflugzeug. Das Abenteuer des Fliegens. Würzburg 1975 (Arena-Sachbuch).

F.L. Nehrer: Das Wunder des Fliegens. München 1936.

S. Winter: Das große Fliegerbuch. Vom ersten Menschenflug zur Weltraumfahrt. Reutlingen 1955/62.

Wissenschaftliche Gesamtdarstellungen

P. Supf: Das Buch der deutschen Fluggeschichte. Zwei Bände. Berlin 1935 (zweite Auflage 1956/58).

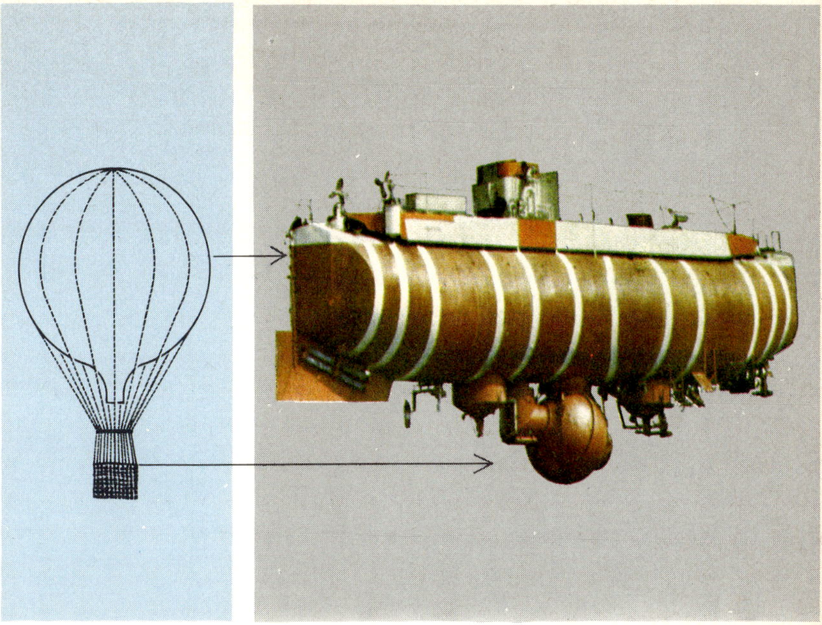

Das Tiefsee-Tauchboot, mit dem Piccard eine Tiefe von über 10 000 Metern erreichte. Die Ähnlichkeiten von Piccards Fahrzeug und einem Ballon sind leicht ersichtlich: Dem Ballon entspricht der Hauptteil des Tauchbootes, das mit Benzin gefüllt war. Benzin ist etwas leichter als Wasser und läßt sich nicht komprimieren, so daß es dem gewaltigen Außendruck standhalten kann. Der Gondel des Ballons entspricht die runde Druckkammer unten. Als Ballast führte Piccard Eisenstücke mit, die von einem Elektromagneten gehalten wurden.

G. Wissmann: Geschichte der Luftfahrt von Ikarus bis zur Gegenwart. Berlin 1962.

Kulturgeschichte:

O. Häcker: Der Schneider von Ulm. Stuttgart 1936.
J. Kaiserer: Über meine Erfindung, einen Luftballon durch Adler zu regulieren. Wien 1801.
H. Luedecke: Vom Zaubervogel zum Zeppelin. Berlin 1936.

Fr. Panzer: Das Flugproblem in Mythos, Sage und Dichtung. In: Denkschrift der ersten Internationalen Luftfahrtausstellung in Frankfurt 1904. Berlin 1910.

Ballon und Luftschiff

R. Braunburg: Leichter als Luft. Aus der Geschichte der Ballonluftfahrt. Hamburg 1963.
H. Eckener: Graf Zeppelin. Sein Leben nach eigener Aufzeichnung. Stuttgart 1938.
H. Eckener: Im Zeppelin über Länder und Meere. Flensburg 1949.
Glaisher/Flammarion/Fonvielle/Tissandier: Voyages Aèriens. Paris 1870 (Deutsch von H. Masius: Luftreisen. Leipzig 1883).
A. Piccard: Auf 16000 Meter. Meine Fahrt in die Stratosphäre. Zürich 1933.
H. Schmitthenner: Die Luftfahrer. Geschichte, Lust und Abenteuer des Ballonflugs. Bergen/Obb. 1956.
E. Tilgenkamp: Reisen in ungewöhnliche Räume. Band I: Aufstieg in die Stratosphäre. Berlin 1956.

Folgende Zeitschriften

sind für die laufende Information besonders geeignet:

Deutscher Aerokurier. Zeitschrift für Allgemeine Luftfahrt. Herausgegeben vom Deutschen Aero-Club e.V. Frankfurt.
Flugrevue Stuttgart.
Flugwelt, Monatszeitschrift für Luft- und Raumfahrt.
Starten und Fliegen. Jahrbuch der Luftfahrt und Flugtechnik.